“十四五”时期国家重点出版物出版专项规划项目
◀农业科普丛书▶

用养结合与土壤健康百问百答

张晴雯／王东／郑莉／马希林／编著

中国农业科学技术出版社

图书在版编目（CIP）数据

用养结合与土壤健康百问百答 / 张晴雯等编著. 北京：中国农业科学技术出版社，2025. 1. -- ISBN 978-7-5116-7191-2

Ⅰ. S156-44

中国国家版本馆CIP数据核字第 2024F8Q570 号

责任编辑 申 艳
责任校对 王 彦
责任印制 姜义伟 王思文

出 版 者 中国农业科学技术出版社
北京市中关村南大街 12 号 邮编：100081
电 话 （010）82103898（编辑室） （010）82106624（发行部）
（010）82109709（读者服务部）
网 址 https: // castp.caas.cn
经 销 者 各地新华书店
印 刷 者 北京捷迅佳彩印刷有限公司
开 本 170 mm × 240 mm 1/16
印 张 8.25
字 数 145 千字
版 次 2025 年 1 月第 1 版 2025 年 1 月第 1 次印刷
定 价 58.00 元

前 言

“荼蓼朽止，黍稷茂止”，这句穿越千年的诗句，自《诗经·周颂·良耜》中悠然飘来，不仅勾勒了一幅古代农耕社会锄草培土、作物茁壮的生动画面，更深刻蕴含了古人对土壤生态循环与农业可持续发展的深邃洞察。在那个没有现代科技辅助的时代，先民们凭借智慧与勤劳，实践着“用养结合”的古老哲学，让土地得以生生不息、滋养万物。岁月流转，千百年间，土地承载着人类的文明与梦想，见证了从刀耕火种到现代农业的变迁。然而，在科技飞速发展的今天，我们虽然享受到了前所未有的农业生产力提升，但是也不得不面对由此带来的挑战——耕作模式的粗放化、化肥农药的过度使用，如同双刃剑，在带来短期利益的同时，也悄然侵蚀着土壤的健康，引发了环境污染、地力衰退等一系列问题，对农业的长期可持续发展及生态平衡构成了严峻威胁。

在此背景下，《用养结合与土壤健康百问百答》科普书籍应运而生，它如同一座桥梁，连接着古老的农耕智慧与现代科技的探索，旨在引导我们重新审视与土地的关系，找回那份对自然的敬畏与和谐共生的智慧。本书通过一系列深入浅出的问答，不仅解答了公众在土壤保护与利用中的种种困惑，更系统地普及了土壤用养结合的科学知识，全方位、多层次地展现了土壤保护与利用的广阔图景。本书共3部分，包括基础篇、技术篇及应用篇。基础篇为我们揭开土壤的神秘面纱，让我们了解土壤、土壤养用及作物的基础知识；技术篇则聚焦于土壤用养结合的具体方法与策略，包括低碳农业、生态循环农业实施途径及生物修复等先进技术的应用；应用篇则根据不同土壤的特性，提出相应的养护方法。全书力求做到全面、系统、实用，希望带大家明白土壤的奥秘以及如何进行科学的土壤用养结合。

土壤的保护与合理利用是一项关乎国家粮食安全、生态环境保护及人类福祉的伟大事业。它需要政府、企业、公众等社会各界的共同参与和努力，形成政府引导、市场驱动、社会参与的强大合力。因此，本书不仅面向广大农民朋友和农业工作者，也适合关心土壤健康、关注生态环境的社会各界人士阅读。我们希望通过这本书的出版，能够激发更多人参与到土壤保护与利用的行动中来，共同守护好我们脚下的这片土地。

本书的撰写和出版得到国家重点研发计划“旱作中低产田土壤有机质和产能协同提升技术集成与模式示范”课题(2023YFD1900305)、“西北区省域和区域中低产田种养结合格局及优化”子课题（2023YFD1900401)、中国农业科学院科技创新工程的资助，在此表示感谢！

由于编者水平有限，书中不足之处在所难免，敬请广大读者批评指正。

编　者

2024年8月

目录

第一部分 基础篇

第二部分 技术篇

第三部分 应用篇

第一部分

基础篇

一、土壤基础知识

1 土壤是如何形成的？

土壤是覆盖于陆地表面、具有疏松多孔结构且能够生长绿色植物的物质。岩石经过长期物理风化（如温度变化、冻融作用）、化学风化（如水的溶解、氧化作用）和生物风化（如植物根系、微生物的分解）逐渐破碎，并与有机质（动植物残体及微生物代谢产物）混合，在气候（温度、降水）、生物（植物、微生物、动物）、地形（坡度、海拔）和时间等因素共同作用下，通过淋溶（可溶性物质下移）、淀积（矿物质在深层堆积）和腐殖化（有机质转化为稳定腐殖质）等过程，最终形成具有特定剖面结构和肥力的土壤。土壤形成的过程极为缓慢，每500年才能形成大约0.05毫米的土壤，也就是说想要形成一枚硬币厚的土壤，至少需要18 500年。

2 土壤是活的吗？

是的。土壤不仅是一个生长介质，更是一个充满生命的动态系统。这个系统中包含着地球上四分之一的已知生物种类，它们共同构成了一个复杂的生态网络。

（1）土壤生物的多样性。地球上约有870万种生物，其中四分之一，即超过200万种生物生活在土壤中。这些生物包括细菌、真菌、原生动物、线虫、微节肢动物等，它们与土壤中的植物根系形成紧密的相互作用关系。

（2）土壤生物与植物的共生关系。土壤中的矿质元素大多不是以植物可以直接利用的有效态存在，需要在土壤生物的作用下逐渐转化为有效态。植物与土壤微生物（特别是真菌和细菌）之间形成了奇妙的共生系统。真菌和细菌为植物提供营养物质，而植物则通过光合作用制造葡萄糖为它们提供能量。大量的根际细菌围绕植物根系形成了一种自然防御系统，保护植物免受外来病菌的侵害。

（3）土壤的动态平衡。土壤生物之间存在着多种关系，如竞争、共生和互生，这些关系共同维持着土壤生态系统的动态平衡。

综上，土壤生物通过食物网进行物质和能量的流动，调控土壤的结构和功能。土壤是一个充满生命的动态系统，其中的生物多样性和复杂的相互作用关系对于维持土壤肥力和促进植物生长至关重要。保护土壤生物多样性和生态平衡对于农业可持续发展具有重要意义。

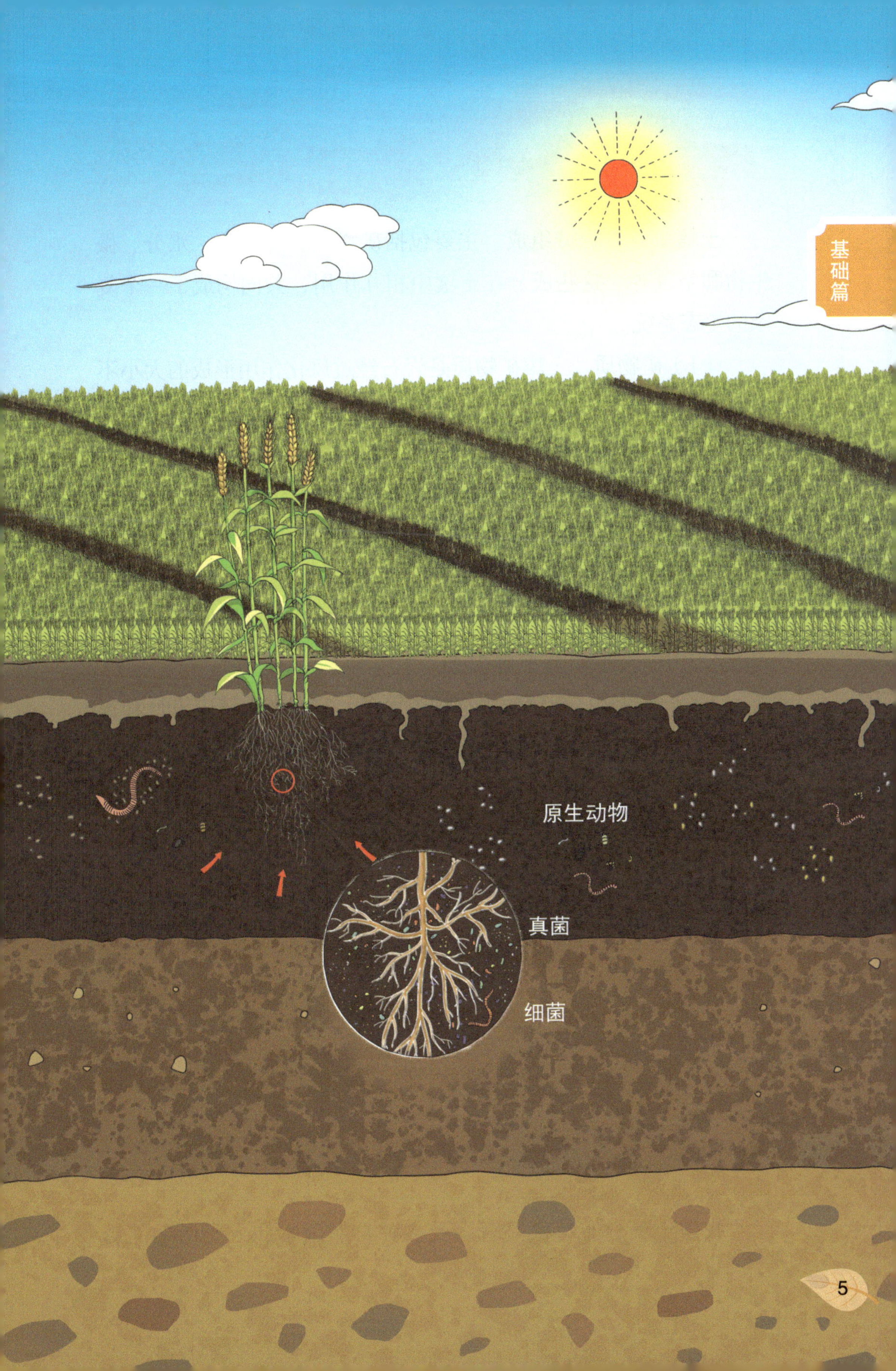
原生动物
真菌
细菌

3 土壤的组成有哪些？

土壤由多种成分组成，主要包括矿物质、有机质、水分、微生物和空气等。这些成分在土壤中相互作用，共同构成了一个复杂的生态系统。

（1）矿物质。土壤矿物质是岩石经过风化作用形成的大小不一的矿物颗粒，包括砂粒、土粒和胶粒等。它们是土壤的主体，约占土壤体积的50%。

（2）有机质。有机质主要来源于动植物和微生物的残体腐解，是土壤肥力的重要来源之一。有机质含量是衡量土壤肥力的一个重要指标。

（3）水分。土壤中的水分是植物生长所必需的，它主要由地表进入土中，包括许多溶解物质。

（4）微生物。土壤微生物种类繁多，它们在土壤中进行着各种生化反应，对土壤的肥力和植物生长有着重要影响。

（5）空气。土壤中的空气主要存在于土壤孔隙中，为土壤生物提供呼吸所需的氧气。

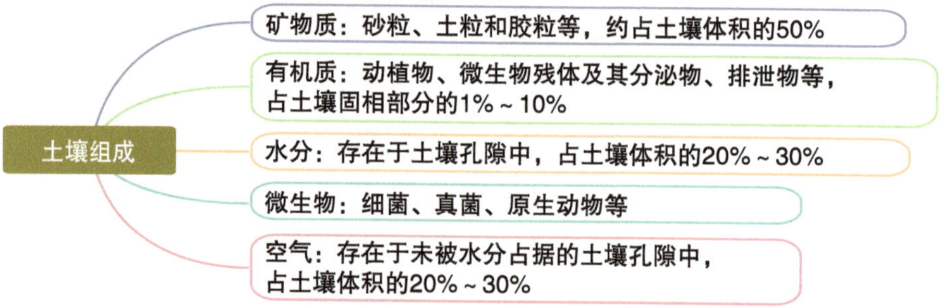

4 我国土壤分布有哪些特征？

我国土壤分布特征显著。受多种自然因素和人类活动的影响，土壤类型在地理空间上呈现有规律的变化，主要分布特征为南酸北碱。

（1）酸性土壤。①分布地区：长江以南，包括浙江、福建、江西、湖南、广东、广西、海南、台湾，以及四川盆地、贵州、云南东部（红壤、黄壤、赤红壤等）。②气候特点：这些地区多属热带或南亚热带季风气候，年平均气温较高，降水量充沛。③土壤特性：酸性土壤多呈红色或黄色，土层深厚但质地黏重，肥力相对较差；土壤中的易溶性无机养分大量流失，铁、铝等元素残留在土壤中，使得土壤呈酸性至强酸性。

（2）碱性土壤。①分布地区：西北地区，包括新疆、甘肃、宁夏、内蒙古西部（灰钙土、漠土等），华北平原（部分潮土因碳酸钙积累呈弱碱性），以及渤海湾、江苏北部沿海（海水倒灌导致土壤盐碱化）等地。②气候特点：这些地区多属温带或寒温带气候，年降水量相对较少，但土壤中的钙、镁等碱性物质含量较高。③土壤特性：碱性土壤多呈中性至碱性，土壤中的腐殖质含量较为丰富，土壤肥力较高；这类土壤适合种植多种作物，尤其是耐盐碱的作物。

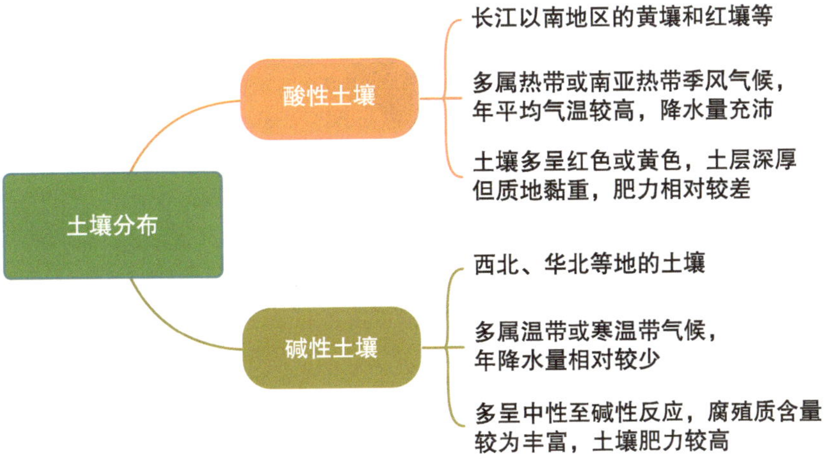

5 什么是土壤肥力?

土壤肥力是指土壤能够满足作物生长发育所必需的水分、养分、空气和热量的能力，主要分为自然肥力和人为肥力两种。自然肥力是土壤在未开垦利用前所具有的肥力；人为肥力则是通过耕种、施肥、灌溉等农业技术措施所创造出来的新的肥力。任何土壤，耕作栽培作物越久，可采用的农业技术措施越完善，人为肥力所占比重就越大。

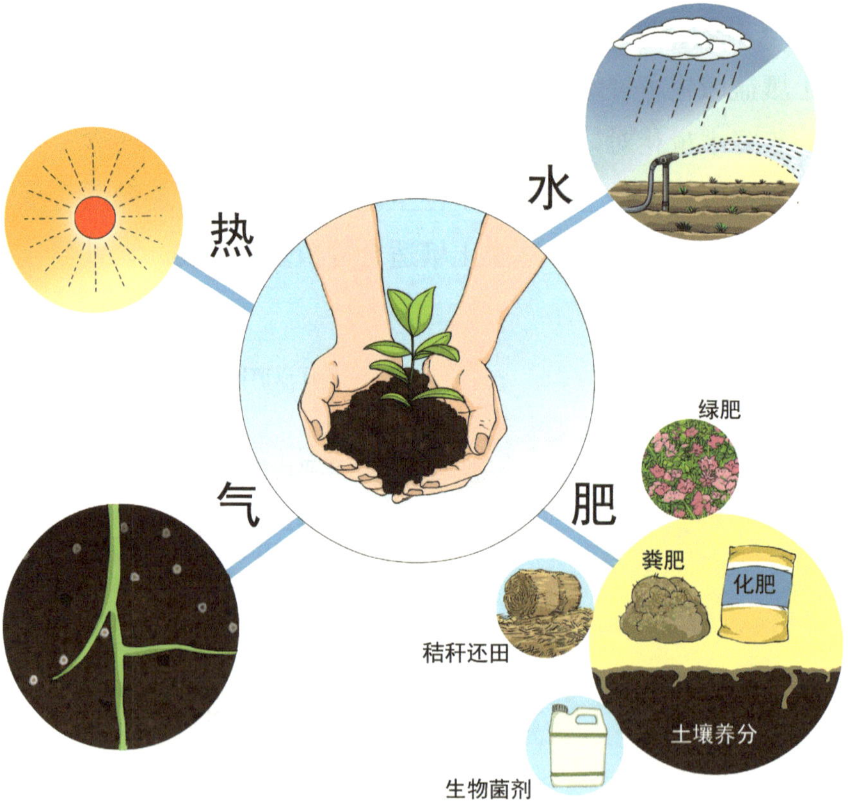

6 如何提高土壤肥力？

提高土壤肥力的主要措施包括增施有机肥、合理施用化肥、保持土壤水分和通气性、种植绿肥作物等。有机肥能增加土壤有机质含量，改善土壤结构；化肥能迅速提供植物所需的营养元素；保持土壤水分和通气性有利于植物根系呼吸和养分吸收；种植绿肥作物能增加土壤生物多样性和有机质含量。

7 土壤功能有哪些？

土壤功能是指土壤在地球生态系统中所发挥的各种作用和效能，具有多样性、复杂性和系统性等特点。这些功能相互关联、相互作用，对于维持生态平衡、促进生物生长和人类活动都具有重要意义。①生产功能：土壤是养分元素循环的重要场所，它支持和调节生物的生长和发育过程，为植物提供所需的水分、养分和适宜的环境，同时还决定了自然植被的分布。②水文功能：土壤通过其蓄水、保水功能，影响地表水分的下渗、径流和蒸发，从而调节水循环，土壤中的水分和矿物含量也会影响地表的热量平衡，对气候产生一定影响。③物理功能：土壤覆盖在岩石圈的表层，对其具有一定的保护作用，可以减少风力侵蚀和水力侵蚀等外力的破坏。④环境功能：土壤的物理、化学和生物学特性使其具有容纳、降解、过滤、缓冲和固定有毒的无机物、有机化合物及城市污染物质的功能。作为最大的陆地碳库，影响温室气体排放。⑤生态功能：土壤为微生物、动物等提供栖息地，同时起着维持生态系统平衡的作用。⑥社会功能：土壤是人类种植农作物的物质基础，不仅为人类提供粮食、纤维等农产品，还为人类提供林牧产品等生活必需品。此外，土壤还承载着建筑物和基础设施，提供支撑和稳定性，是人类社会发展的重要基石。

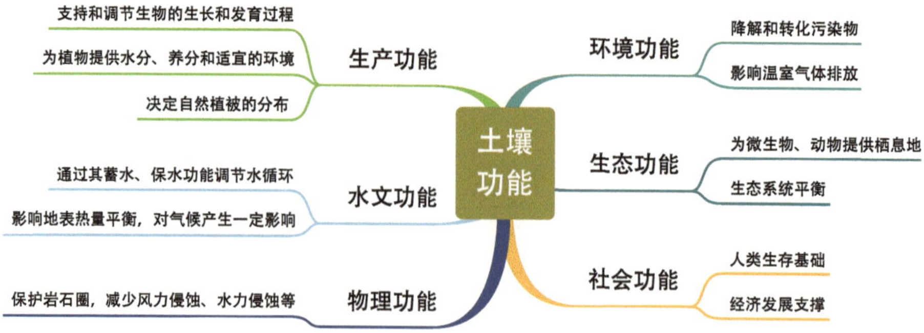

8 什么是土壤功能退化？

土壤功能退化是指土地受到人为因素或自然因素或人为、自然综合因素的干扰、破坏而改变土壤原有的结构、理化性状，土壤环境日趋恶劣，逐步减少或失去其原先所具有的综合生产潜力的演替过程。土壤功能退化的主要原因包括过度放牧、农药和化肥的过量使用、畜禽粪便处置不当直接还田、工业废弃物和城市污泥的倾倒以及工业污水排放等。

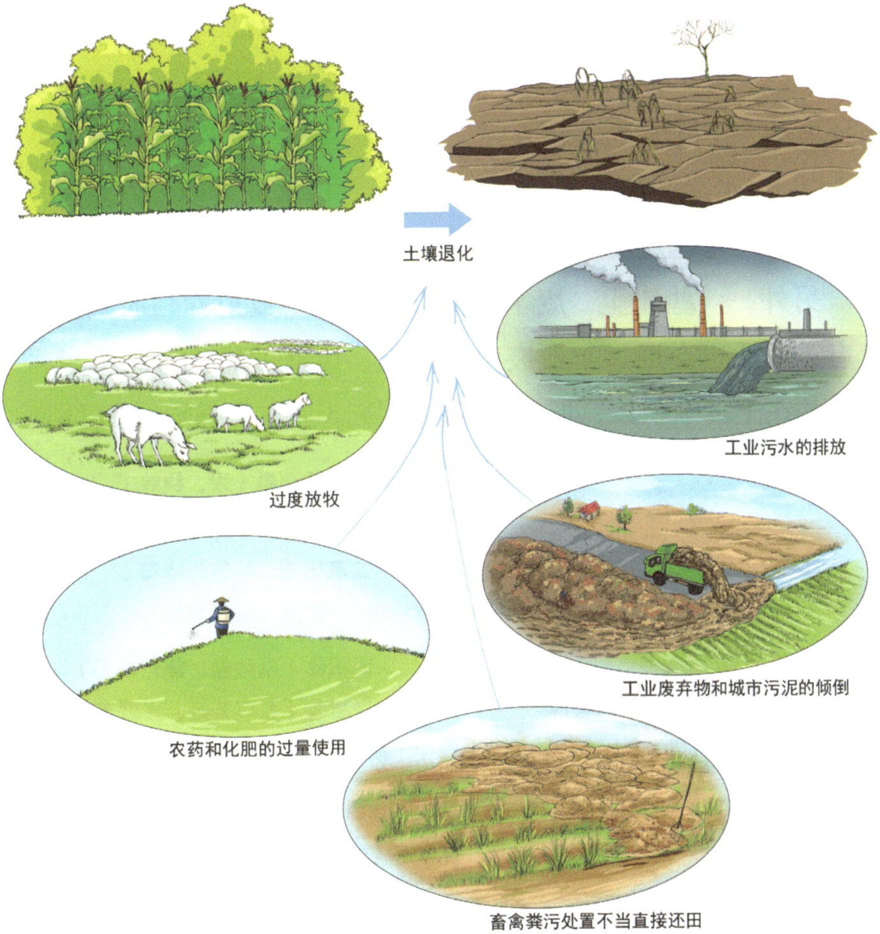

9 土壤污染的主要来源有哪些？

土壤污染是指土壤中某些有害物质大大超出正常含量，而土壤无法消除这些有害物影响的现象。土壤污染的主要来源如下。

（1）工业污染源。工业生产过程中排放的废水、废气和固体废物是土壤污染的重要来源。废水中的有害物质如重金属、化学物质等会直接或间接进入土壤，固体废物中的污染物则可能通过渗滤作用污染土壤。畜禽粪便处理不当施入土壤也会造成土壤污染。

（2）农业污染源。农业生产中过量使用化肥和农药会导致土壤污染。化肥和农药中的有害物质会残留在土壤中，长期积累会对环境和人体健康造成危害。

（3）生活污染源。城市生活垃圾、污水和粪便，以及医疗废弃物等未经处理直接排放或使用，也会对土壤造成污染。

另外，一些粉尘、废水、尾气中存在的放射性物质或重金属等有害物质也会通过工业废水、废气、废渣的排放等方式进入土壤，并在土壤中积累，形成潜在的威胁。

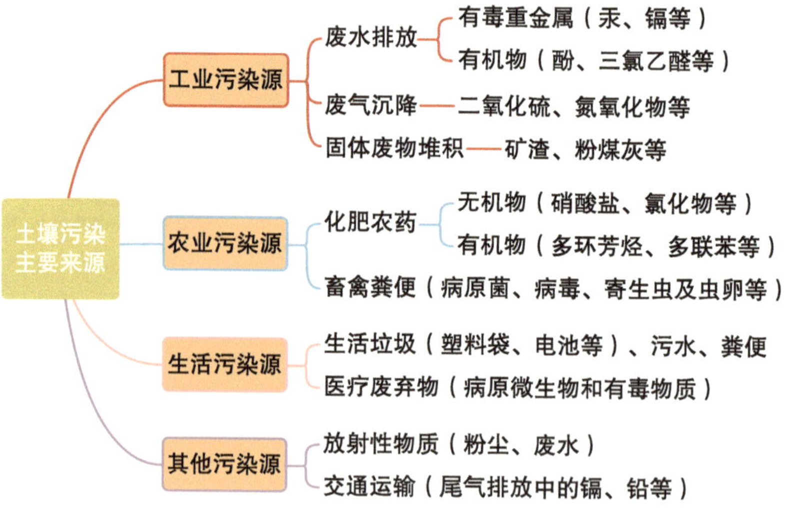

10 怎么判断土壤是否健康？

健康土壤能够保障健康食物生产、维持土壤生态系统多功能性，是农业绿色发展的基础。判断土壤是否健康需要从多个方面进行综合考虑。通过土壤颜色与质地、土壤结构、土壤养分、土壤生物、土壤环境、土壤恢复能力6个方面进行判断，可以较为全面地了解土壤的健康状况，并为后续的土壤管理和保护提供科学依据，具体见下图。

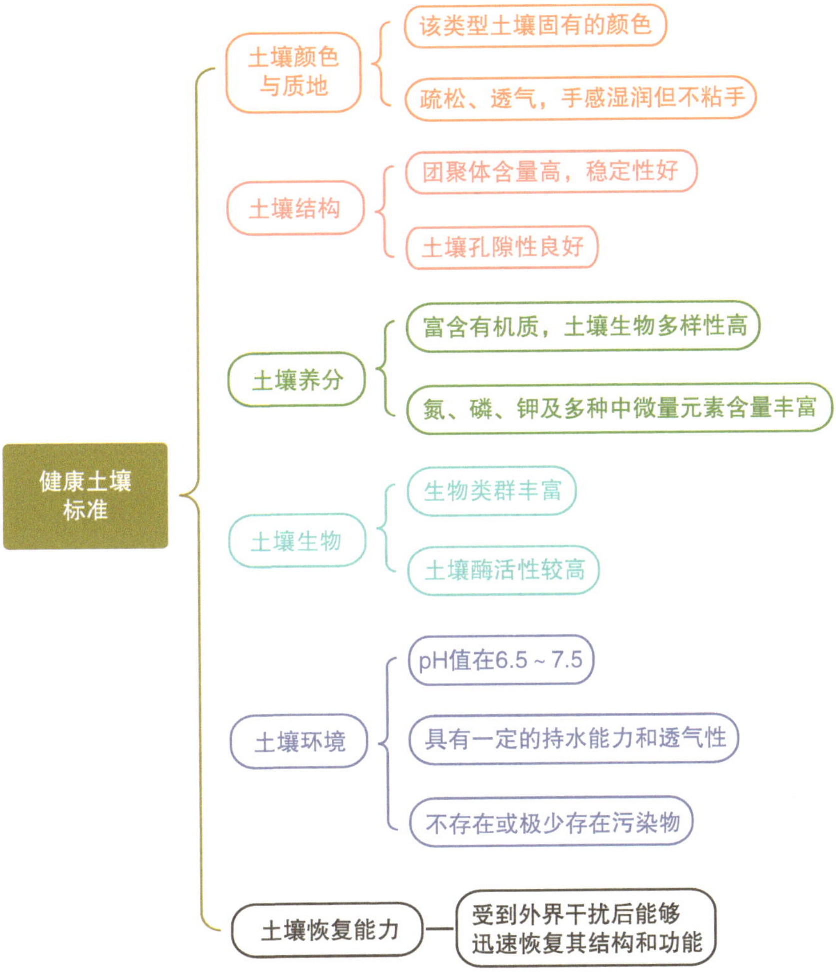

11 土壤健康与人体健康的关系是怎样的？

“万物自土中生”，地球上四分之一的已知物种都生长于土壤中，其他生物也不同程度地依赖着土壤的供给，人类的身体健康更是离不开土壤直接或间接的滋养。保护土壤健康不仅关乎生态环境的稳定和发展，更直接关系人类的生命安全和健康福祉。土壤健康与人体健康具有非常密切的关系。

（1）土壤健康对植物生长的影响。①提供营养物质：健康的土壤富含植物生长所需的有机质、矿质元素和微生物，它们为植物提供了充足的营养，保证了植物的正常生长和发育。②调节水分和空气：土壤具有良好的持水性和透气性，能够调节植物根系周围的水分和空气条件，为植物的生长创造适宜的环境。

（2）土壤健康对食物安全的影响。①影响食物产量和质量：土壤的健康状况直接影响农作物的产量和质量。健康的土壤能够生产出高产、优质的农产品，满足人们的饮食需求。②减少有害物质积累：土壤中的重金属、农药等有害物质容易在植物体内积累，进而通过食物链进入人体。健康的土壤能够减少这些有害物质的积累，保障食物的安全性。

（3）土壤健康对人体健康的影响。①提供必需元素：土壤中的矿质元素通过食物链进入人体，为人体提供必需的常量元素和微量元素。这些元素在维持人体正常生理功能方面起着重要作用。必需常量元素包括碳（C）、氢（H）、氧（O）、氮（N）、钾（K）、钠（Na）、钙（Ca）、镁（Mg）、硫（S）、磷（P）、氯（Cl）等；必需微量元素包括铁（Fe）、碘（I）、锌（Zn）、硒（Se）、铜（Cu）、钼（Mo）、铬（Cr）、钴（Co）等。这些元素在土壤—植物—人体之间形成生物链传递，对人体健康产生深远影响。②影响疾病发生：土壤中的有害物质如重金属、农药等，超过一定浓度后会对人体健康造成危害。例如，镉污染可能导致肾功能损害、骨质疏松等疾病；汞污染可能损害肝、肾和神经系统；砷污染可能引发肿瘤或畸形等。③影响地方病发生：具有不同地球化学背景的地区，其土壤中各种元素的含量也有所不同。当土壤中某种元素或化合物过多、不足或比例失调时，会导致地方病的发生。例如，硒缺乏可能导致克山病、大骨节病等；氟超标可能导致地方性氟病如氟斑牙和氟骨症等。

12 我国土壤面临的挑战是什么？

我国土壤资源丰富，土壤的开发利用也很早，种植历史悠久。但近数十年以来，我国土壤资源安全也面临着巨大挑战，包括土地利用的变化、化学品的增施、重金属等开采矿区污染，以及其他一些非人为因素的影响，导致我国土壤健康发生深刻变化，部分土壤退化严重。我国土壤面临的挑战主要包括土壤污染、土壤退化、土壤生物多样性受损等5个方面。具体见下图。

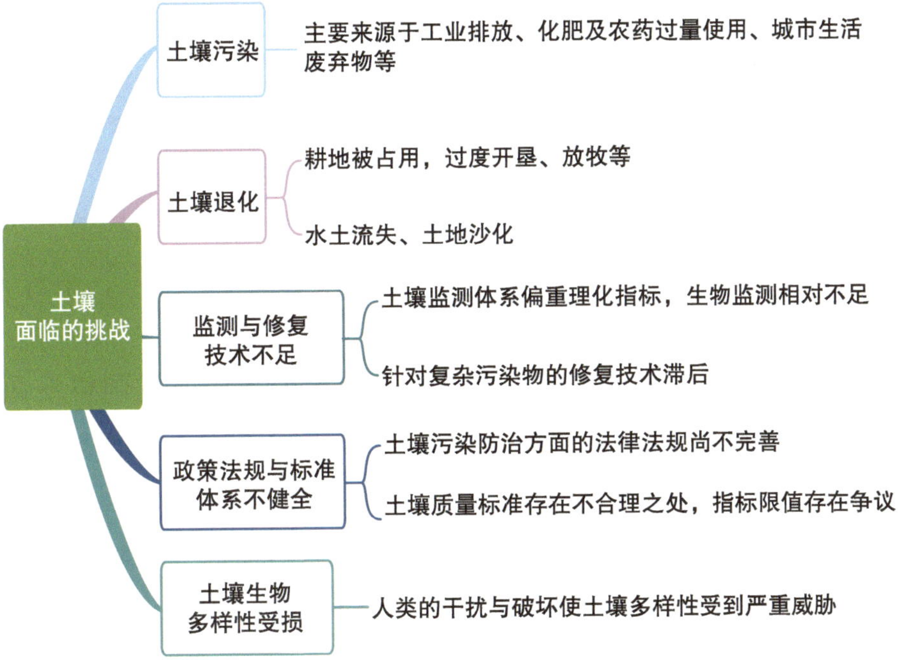

13 为什么说土壤是农业的基础？

土壤是维持生物生长，提供和协调生物生长所需的养分、水分、空气、能量的载体。农业是国民经济的基础，土壤则是农业生产活动必须具备的物质基础和条件。它不仅是植物生长的基础，还是调节气候、保护生态环境的重要因素，是影响农业可持续发展的根本因子和基本因素。作为农业的基础，土壤的重要性体现在提供养分、保水保肥、调节气候、支撑植物生长、生物栖息地、决定农作物产量和质量6个方面，具体见下图。

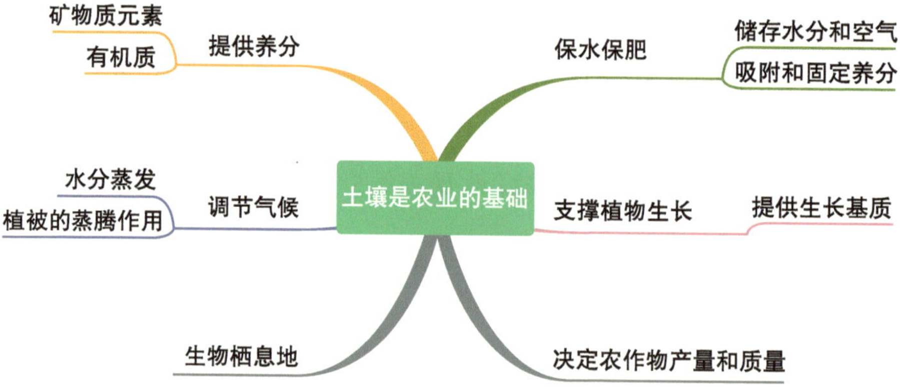

14 我国有多少耕地？

根据《第三次全国国土调查主要数据公报》，我国耕地面积为19.18亿亩。其中，水田4.71亿亩，占24.55%；水浇地4.81亿亩，占25.12%；旱地9.65亿亩，占50.33%。64%的耕地分布在秦岭—淮河以北。黑龙江、内蒙古、河南、吉林、新疆5个省份耕地面积较大，占全国耕地的40%。位于一年三熟制地区的耕地

2.82亿亩，占全国耕地的14.73%；位于一年两熟制地区的耕地7.17亿亩，占37.40%；位于一年一熟制地区的耕地9.18亿亩，占47.87%。位于年降水量800毫米以上（含800毫米）地区的耕地6.7亿亩，占全国耕地的34.96%；位于年降水量400～800毫米（含400毫米）地区的耕地9.44亿亩，占49.24%；位于年降水量200～400毫米（含200毫米）地区的耕地1.92亿亩，占10.01%；位于年降水量200毫米以下地区的耕地1.11亿亩，占5.79%。位于2°以下坡度（含2°）的耕地11.88亿亩，占全国耕地的61.93%；位于2°～6°坡度（含6°）的耕地2.94亿亩，占15.32%；位于6°～15°坡度（含15°）的耕地2.57亿亩，占13.40%；位于15°～25°坡度（含25°）的耕地1.16亿亩，占6.04%；位于25°以上坡度的耕地0.63亿亩，占3.31%。

二、土壤养用基础知识

15 什么是用养结合？

养地：培养地力，通过一系列措施不断保持、恢复和提高土壤肥力，使土壤具备良好的肥力条件、充足和协调的水、肥、气、热等要素。用地：利用土壤进行农业生产或其他经济活动，发挥土地的生产效益。用养结合：在用地过程中，既用地也养地，既利用也保护，通过循环农业的办法解决耕地质量问题。积极地培育和提高地力，使土地使用与地力提升相协调。这种方式有助于实现土地的可持续利用，保障农业生产的长期稳定发展。

16 土壤为什么要养用?

土壤是维持人类生活的主要支撑系统，为作物根系提供固定场所，容纳植物生长所需的水分，提供维系生命的营养物质。土壤是人类赖以生存、兴国安邦、生态文明建设的基础资源，是保障国家粮食安全与生态环境安全的重要物质基础。人类消耗的80%的热量、75%以上的蛋白质及大部分的纤维，都是直接来源于土壤。对于我国这样一个人口众多、土壤资源紧缺的国家而言，健康的土壤则显得尤为重要。土壤之所以需要养护和使用（简称“养用”），主要基于以下2个方面的原因。

（1）土壤对植物生长的重要性。①提供养分：土壤是植物生长所需营养元素的主要来源。除空气中的二氧化碳外，植物所需的其他营养元素，如氮、磷、钾等，主要依赖于土壤。土壤中的有机质和矿物质分解后，能持续为植物提供其必需的养分。②保蓄水分：土壤具有截留和保持水分的功能，能够减少水土流失的风险，并为植物提供稳定的水分。这对于植物的生长发育至关重要。③调节温度：土壤具有一定的隔热性能，可以缓冲大气温度的变化，为植物根系提供一个较为稳定的生长环境，避免极端温度对植物根系的伤害。④机械支撑：土壤为植物提供了机械支撑，使植物能够稳定地生长在地面上。

（2）土壤养护的必要性。①维持土壤肥力：长期耕作和种植会消耗土壤中的养分，导致土壤肥力下降。采取合理的施肥、轮作等措施，可以补充土壤养分，维持土壤肥力，保证农作物的持续高产。②改善土壤结构：不合理的耕作方式会破坏土壤结构，导致土壤板结、透气性差等问题。采取深耕、松土等措施，可以改善土壤结构，提高土壤的透气性和保水能力。③防治土壤污染：随着工业化和城市化的发展，土壤污染问题日益严重。采取污染源控制、土壤修复等措施，可以防治土壤污染，保护土壤生态环境。④促进农业可持续发展：土壤是农业生产的基础。加强土壤养护和管理，可以提高土壤质量和生产力，促进农业可持续发展。

17 土壤养护主要有哪些抓手？

土壤养护是运用土壤学、农业生物学、农业工程学、水利工程学、生态学等理论与技术，排除或防治影响农作物生长发育和引起土壤退化的各种不利因素，改善土壤的理化生物性状，提高土壤肥力，确保土壤能够持续支持农作物的健康生长和农业生产的可持续发展。土壤养护的主要抓手包括6个方面，具体见下图。

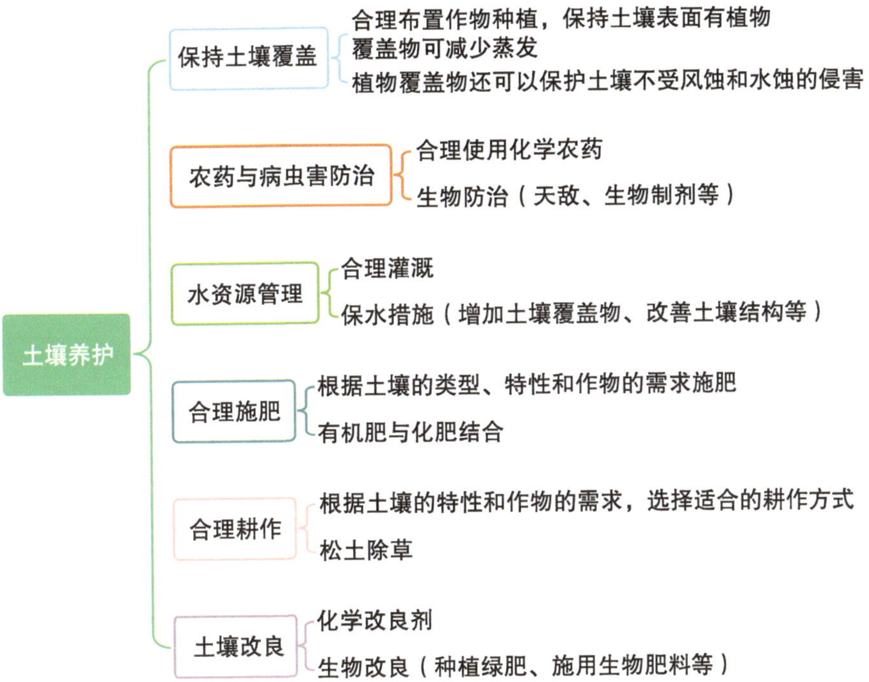

18 什么是种养结合?

种养结合是一种将种植业和养殖业有机结合在一起的农业生产模式。在这种模式下，农田为畜禽养殖提供饲料等资源，而畜禽养殖产生的粪便和废弃物则作为农田的有机肥料，实现资源的循环利用。种养结合的核心在于生态循环和可持续发展。通过合理的规划和布局，种植业和养殖业能够在时间和空间上相互协调，形成一个良性的生态循环系统。

19 关于种养结合我国出台了哪些政策？

关于种养结合我国出台了一系列政策，旨在推动农业绿色发展、减少农业碳排放、提高农业资源利用效率。这些政策不仅提供了资金补助和技术支持，还通过市场驱动和社会化服务等方式，促进了种养结合模式的广泛应用和持续发展。以下是一些主要的政策措施。

（1）总体指导政策。2017 年出台的《国务院办公厅关于加快推进畜禽养殖废弃物资源化利用的意见》，2021年出台的《农业农村部办公厅　财政部办公厅关于开展绿色种养循环农业试点工作的通知》，2022年出台的《农业农村部关于推进稻渔综合种养产业高质量发展的指导意见》，以及2024年出台的《农业农村部关于加快农业发展全面绿色转型促进乡村生态振兴的指导意见》等相关政策，均对种养产业的协同发展进行了系统谋划和总体部署。

（2）具体支持措施。①资金支持：国家财政拨款为种养结合项目提供资金支持，包括资金补助和贴息贷款等，以降低生产成本，提升经济效益。②技术推广：国家不断加强种养结合技术的研发与推广，为农民提供技术指导和培训，提高种养结合的技术水平和生产效率。③基础设施建设：政府投入资金建设农业基础设施，包括农田整治、水利设施、畜禽舍等，为种养结合提供良好条件。④环保补贴：为鼓励生态养殖和环保生产，国家提供环保补贴，支持种养结合项目向绿色、可持续方向发展。

（3）相关配套政策。①耕地保护和用途管控：严格耕地占补平衡管理，控制耕地转为其他农用地，保护耕地资源，为种养结合提供稳定的土地基础。②高标准农田建设：加强高标准农田建设，提高农田的产出能力和资源利用效率，为种养结合提供高质量的农田资源。③农业绿色发展：推进农业绿色发展，加快农业投入品减量增效技术推广应用，建立健全农业废弃物收集利用处理体系，为种养结合提供环保支撑。

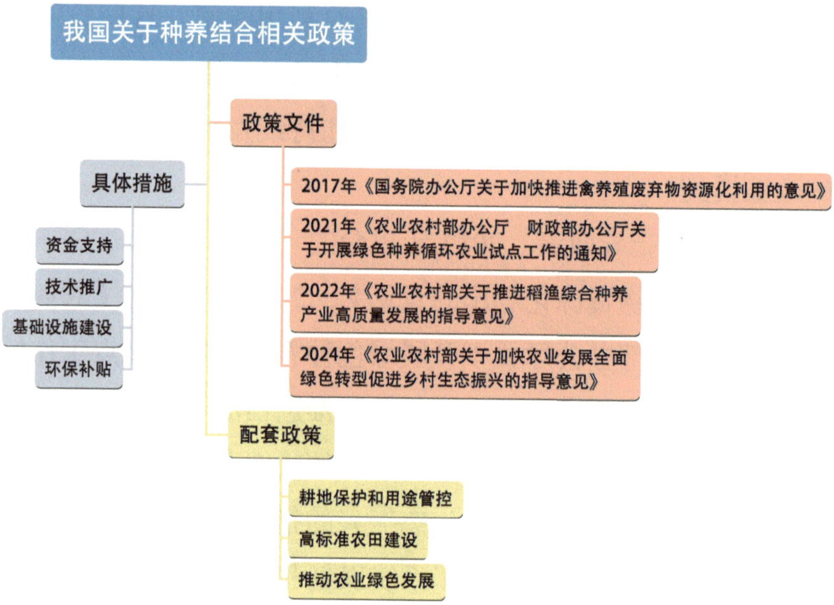

20 土壤有机质对土壤养用的贡献有哪些？

土壤有机质泛指土壤中以各种形式存在的含碳有机化合物，指土壤中来源于生命的物质，是土壤中除矿物质以外的物质。它是土壤中最活跃的部分，是土壤肥力的基础，对作物的生长和发育具有重要意义，是衡量土壤肥力的重要指标之一。土壤有机质对土壤养用的贡献主要包含以下6个方面。

（1）提供作物养分。土壤有机质含有作物生长所需要的各种营养成分，特别是土壤中的氮、磷、钾大量元素以及钙、镁、硫等中量元素和微量元素。随着有机质的矿质化，这些养分不断地被释放出来供作物和微生物利用。此外，有机质在分解和转化过程中，还可产生各种低分子有机酸和腐殖酸，对土壤矿物质部分有一定的溶解作用，促进风化，有利于养分的有效化。据估计，我国主要土壤表土中80%以上的氮、20%～76%的磷以有机态存在，这些养分在有机质的矿质化过程中逐渐释放，为作物提供持续的营养支持。

（2）增强土壤的保水保肥能力和缓冲性。土壤有机质疏松多孔，又是亲水胶体，能吸持大量水分，大大提高土壤的保水能力。同时，有机胶体有巨大的表面能并带有负电荷，主要吸附阳离子，如K^{+}、Ca^{2+}、Mg^{2+}等，这些离子被吸附后可避免随水流失，起到保肥作用。腐殖质保存阳离子养分的能力要比矿物质胶体大几十倍，因此能显著提高土壤的保肥能力。此外，腐殖酸是一种含有许多功能团的弱酸，有极高的阳离子交换量，能增加土壤对酸碱变化的缓冲能力，使土壤更加稳定。

（3）改善土壤的物理性质。土壤有机质在土壤中主要以胶膜的形式包被在矿物质土粒的表面上。它松软、絮状、多孔，黏结力又比黏粒小，所以能改善土壤的结构，使土壤变得比较松软而不再结成硬块。有机质能使砂土变紧、黏土变松，土壤的保水、透水性和通气性都有所改善。同时，有机质还能增加土壤的吸热能力，提高土壤温度，有利于作物的生长发育。

（4）促进土壤微生物活动。有机质是土壤微生物生命活动所需的能量物质和营养物质的重要来源。腐殖质能调节土壤的酸碱反应，促进土壤结构等物理性质的改善，使之有利于微生物活动。有机质在分解过程中产生的各种有机酸和腐殖酸等物质，也为微生物提供了良好的生存环境。因此，有机质含量高的土壤往往微生物活动旺盛，土壤肥力也更高。

（5）促进植物的生理活性。腐殖酸等有机质成分对植物的生理过程产生多方面的影响。例如，腐殖酸能改变植物体内糖代谢，促进还原糖的累积，提高细胞渗透压，从而增强植物的抗旱能力。此外，腐殖酸还能提高酶系统的活性，加速种子发芽和养分的吸收，增加生长速度。同时，腐殖酸能增加植物的呼吸作用，增强细胞膜的透性，从而提高植物对养分的吸收能力。

（6）减少农药和重金属的污染。土壤有机质对农药和重金属等污染物有一定的固定和降解作用。例如，腐殖质能与重金属离子络合形成络合物进入土壤溶液中，有助于消除土壤溶液中过量的重金属离子对作物的毒害作用。同时，有机质还能对农药等有机污染物产生强烈的亲和力，降低其在土壤中的生物活性和残留量。

21 土壤有机质与有机碳的关系是什么？

土壤有机质包含多种有机物质，其中有机碳是这些有机物质中碳元素的含量。因此，土壤有机碳是土壤有机质的一个重要组成部分。一般来说，土壤中有机碳含量越高，意味着有机质含量也越丰富，土壤肥力也相应较好。通常，土壤有机质含量可以用土壤中有机碳的比例（即换算因数）乘以有机碳的百分数来求得：土壤有机质=土壤有机碳×1.724。

22 土壤有机碳组分有哪些？

土壤有机碳是由环境中的动植物残体和根系分泌物等有机物质进入土壤后被微生物分解而形成的含碳有机物的总称。它是土壤碳的主体组成部分，是衡量土壤肥力的重要指标，在促进土壤养分循环、提高土壤肥力、维持和巩固土壤结构等方面起重要作用。土壤有机碳的组分是复杂且多样的，主要可以从存在形态、化学元素组成、微生物可利用程度、物理分组4个方面进行分类。

（1）根据存在形态分类。①动植物残体：包括新鲜的动植物残体和半分解的动植物残体，这些残体在土壤中尚未被完全分解，保留了部分原有的形态和特征。②腐殖质：由动植物残体经过微生物分解后再合成的一种褐色或暗褐色的大分子胶体物质，是土壤有机碳存在的主要形态类型。

（2）根据化学元素组成分类。土壤有机碳的基本组成是C、H、O、N等元素。常见的化合物包括糖类、有机酸、醛、醇、酮、纤维素、半纤维素、木质素、脂类、蛋白质等。

（3）根据微生物可利用程度分类。①易分解有机碳：具有较高的生物利用率与损失率，容易被微生物快速分解利用。②难分解有机碳：具有较高的残留率，不易被微生物分解，一般占土壤有机碳的比例较大。③惰性有机碳：指那些极难被微生物分解的有机碳组分，在土壤中的稳定性极高。

（4）根据物理分组分类。采取崩解、分散、密度离心和沉降等方法将土壤有机碳分离出活性不同的组分。①轻组有机碳：即能观察到真菌和放线菌孢子的微生物结构体，大多来自植物碎片、植物根系及木炭，化学成分多为碳水化合物和氨基酸，其主要反映短期土地利用方式对有机碳的影响。②颗粒态有机碳：主要由植物的活动产生，其中包括大量的植物源碳，是与砂粉粒（粒径53～2 000微米）结合的有机碳部分。

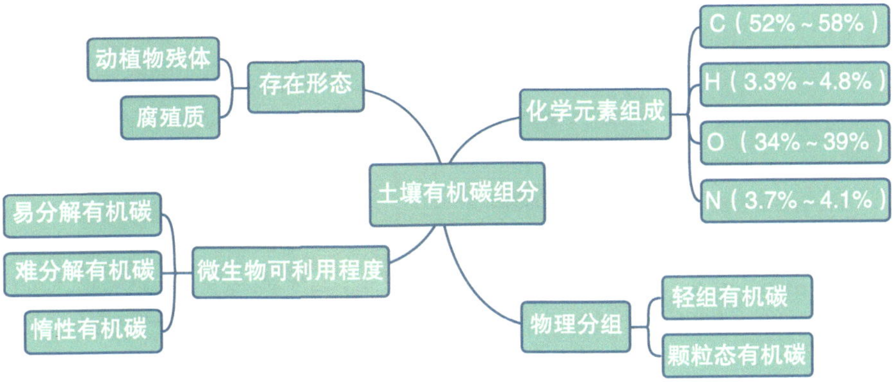

23 土壤有机碳的质量指什么？

土壤有机碳的质量不仅是指土壤中有机碳的含量，还包括有机碳的稳定性、活性、分布。①含量：土壤有机碳的含量是衡量其质量的重要指标之一。含量越高，通常意味着土壤有机质越丰富，土壤肥力越好。全球土壤有机碳库储量约为1.55×10^{12}吨，是仅次于海洋和地质库的第三大碳库。②稳定性：土壤有机碳的稳定性也是衡量其质量的重要指标。稳定的有机碳能够长期保存在土壤中，对土壤肥力和碳循环产生积极影响。③活性：土壤有机碳的活性指的是其参与土壤生物化学过程的能力。活性有机碳具有较高的生物活性和分解速率，对气候变化最为敏感。④分布：土壤有机碳在土壤中的分布也是其质量的一个体现。一般来说，土壤有机碳多集中在土壤表层，但随着土层深度的增加，其含量会逐渐降低。大团聚体（如53～2 000微米和>2 000微米粒级）往往具有较高的有机碳含量，这可能与大团聚体具有更好的物理保护作用和更稳定的结构有关。然而，当团聚体粒径进一步增大时，其有机碳含量可能会降低，这可能是由于大粒径团聚体中的有机碳更容易受到微生物分解和氧化作用的影响。

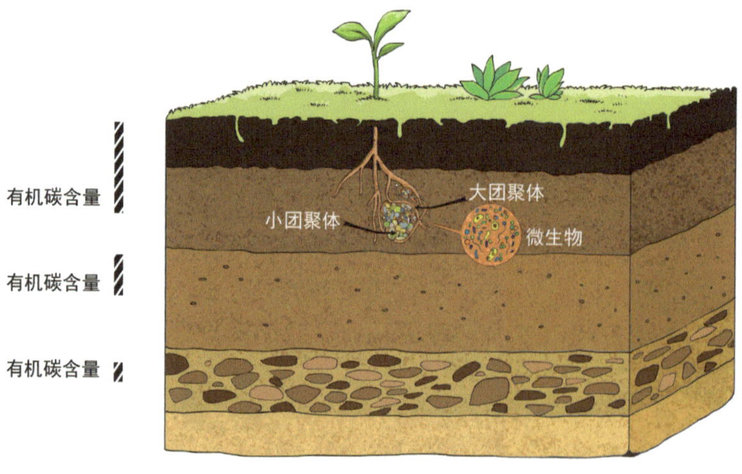

24 什么是土壤修复？

土壤修复，旨在使受污染的土壤重回健康状态，确保其能够正常发挥生态功能。这一技术主要通过物理、化学和生物方法来处理土壤中的污染物，进而达到降低污染物浓度、减少其迁移性和生物可利用性的目标。通过各种技术手段，将土壤中的污染物转移、吸收或降解，以降低其在土壤中的浓度。改变污染物在土壤中的存在形态或其与土壤的结合方式，从而减少其对环境和生物的危害。土壤修复技术是一项复杂而系统的工程，它涉及多种方法的综合运用和环境因素的全面考虑。随着科技的不断进步，土壤修复技术将在未来发挥更加重要的作用，为保护土壤资源和生态环境贡献力量。

25 土壤修复方法有哪些？

土壤修复是指利用物理、化学和生物的方法转移、吸收、降解和转化土壤中的污染物，使其浓度降低到可接受水平，或将有毒有害的污染物转化为无害的物质。土壤修复方法多种多样，应根据土壤污染的类型、程度、范围以及修复目标等因素综合考虑选择合适的修复方法。同时，在修复过程中还应注意保护生态环境和人体健康，避免造成二次污染。具体土壤修复方法见下图。

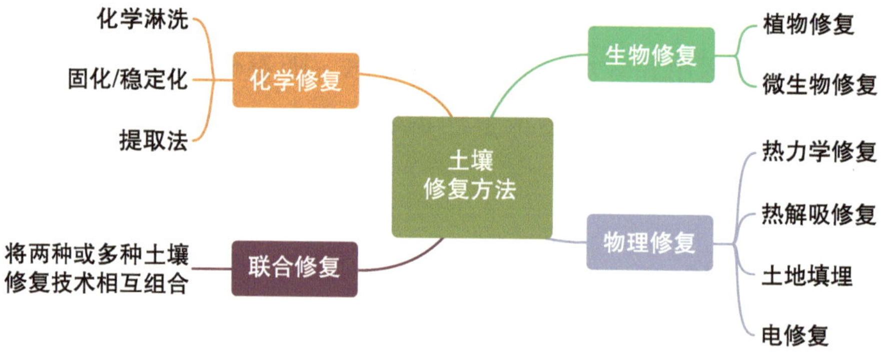

26 土壤生态修复的核心是什么？

土壤生态修复是在生态学原理指导下，以生物修复为基础，结合各种物理修复、化学修复及工程技术措施，通过优化组合，使之达到最佳效果和最低耗费的一种综合的修复污染土壤的方法。土壤生态修复的核心在于恢复土壤的生物多样性、生命元素平衡供应能力等。这些方面的恢复将有助于提高土壤的生态功能、农业生产力和可持续利用性，从而保障农牧业的稳定健康发展。具体如下。

（1）土壤污染物的去除或稳定化。针对土壤中存在的污染物，如重金属、有机污染物等，通过物理、化学或生物方法将其去除或转化为稳定、无害的形态，以减少对土壤生态系统和人类健康的危害。

（2）土壤结构和肥力的恢复。土壤的结构和肥力是土壤生态系统健康的基础。采取添加有机质、改良土壤质地、调节土壤酸碱度等措施，恢复土壤的物理、化学和生物性质，提高土壤的生产力和自我恢复能力。

（3）植被恢复。植被在土壤生态系统中扮演着重要角色，能够固定土壤、减少水土流失、提供生物栖息地等。因此，在土壤生态修复过程中，植被恢复是不可或缺的一环。通过种植适合当地环境的植物，建立稳定的植物群落，有助于促进土壤生态系统的恢复和稳定。

（4）生物多样性恢复和保护。土壤生态系统中包含丰富的生物种类，如微生物、昆虫、动物等。这些生物在土壤养分循环、污染物降解等方面发挥着重要作用。因此，在土壤生态修复过程中，应注重恢复和保护土壤生物多样性，避免过度干扰和破坏。

（5）生态系统功能的恢复。土壤生态系统的功能包括物质循环、能量流动、信息传递等。土壤生态修复应逐步恢复这些功能，使土壤生态系统可以正常运转，为人类社会和自然环境提供持续的服务。

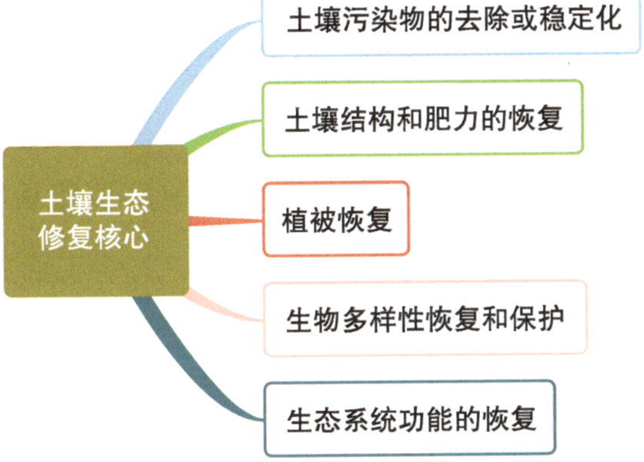

基础篇

27 人工种植土壤为什么要进行生态修复？

通过采用合适的生态修复方法，可以恢复土壤的天然功能，保障食品安全，促进农业可持续发展。人工种植土壤进行生态修复的原因主要基于以下6个方面。

（1）土壤污染与退化。在长期的农业生产过程中，由于化肥、农药的过度使用，以及工业废弃物、生活污水的不合理排放，土壤往往受到不同程度的污染和退化。这些污染物会改变土壤的理化性质，破坏土壤结构，降低土壤肥力，从而影响农作物的生长和产量。

（2）保障农产品安全。土壤污染会导致农产品重金属、农药等有害物质残留超标，进而威胁人类的食品安全。通过土壤生态修复，可以降低土壤中的污染物含量，提高农产品质量，保障人们的饮食安全。

（3）维护生态平衡。土壤是生态系统中的重要组成部分，它不仅是植物生长的基础，还承载着众多的微生物和动物。土壤污染会破坏生态平衡，影响生物多样性。土壤生态修复可以恢复土壤的生态功能，维护生态平衡，促进生物多样性的保护和恢复。

（4）实现可持续发展。土壤资源的可持续利用是农业可持续发展的重要基础。通过土壤生态修复，可以改善土壤质量，提高土壤的生产力和自我恢复能力，从而为实现农业可持续发展提供有力支撑。

（5）应对气候变化。土壤在碳循环中扮演着重要角色，它既是碳的储存库，也是温室气体的排放源。土壤生态修复可以增加土壤的碳储存能力，减少温室气体的排放，有助于应对气候变化。

（6）促进农业绿色发展。土壤生态修复是农业绿色发展的重要措施之一。通过推广生态农业、有机农业等绿色农业发展模式，结合土壤生态修复技术，可以实现农业生产的绿色化、生态化和可持续化。

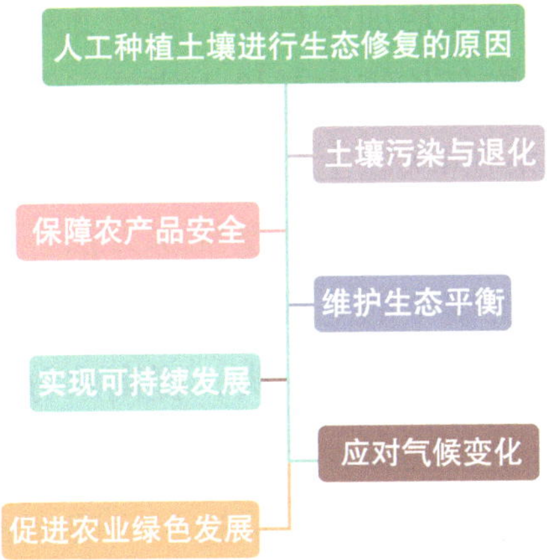

28 土壤板结现象及解决措施有哪些？

（1）土壤板结现象。土壤板结是指土壤表层或耕层因物理、化学或生物因素作用，土壤颗粒间的孔隙结构被破坏，有机质流失，土粒紧密排列，在干燥后形成坚硬、致密块状或片状结构的现象。土壤板结会导致土壤肥力下降，影响农作物的产量与品质。主要表现在以下几个方面。①土壤变硬：土壤表层或整体变得坚硬，不利于作物根系的生长和发育。②通气性差：土壤中的毛细管孔隙减少，通气性变差，影响土壤中的氧气供应。③透水性差：土壤结构紧密，透水性降低，容易导致水分在土壤表层积聚，影响作物生长。④肥力下降：土壤板结会导致土壤中的有机质含量减少，养分失衡，肥力下降。

（2）解决措施。①合理施肥：一是增施有机肥，提高土壤中的有机质含量，改善土壤结构，促进土壤团粒结构的形成；二是减少化肥用量，避免过量、过频施用化肥，重视有机肥和磷钾肥的施用，提高土壤养分平衡；三是采用多种肥料混合施用，功能性肥料和缓控释肥料配合施用，提高肥料的利用率。②合理耕作：一是改变旋耕习惯，推广机深耕秸秆还田，或旋耕与机深耕交替使用，最大限度地加深耕层，疏松土壤，达到耕层30厘米以上的目的；二是恢复传统中耕松土措施，每季粮食作物至少要进行3次中耕，蔬菜在4次以上，在松土的同时起到消灭杂草和保墒的作用。③控制水分：一是调整浇水方法，少量多次浇水，避免暴雨冲刷，防止土壤中的毛细管孔隙堵塞；二是采用滴灌等节水灌溉技术，减少水分蒸发和流失，提高水分利用效率。④增加有机质：一是进行秸秆还田，将农作物秸秆还田，增加土壤中的有机质含量，可以直接粉碎还田或通过饲喂家畜后过腹还田；二是增施饼肥，如大豆饼、菜籽饼、花生饼等，这些饼肥含有丰富的蛋白质和微量元素，对改善土壤结构有积极作用。⑤减少塑料制品的使用：清理地膜和塑料袋，避免这些塑料制品在土壤中残留，减少对土壤的污染和破坏。⑥其他措施：一是掺入多孔结构物质，如沙土、煤渣、珍珠岩等，改善土壤的通透性；二是利用生物作用，如引入蚯蚓等生物，通过它们的活动改善土壤结构。

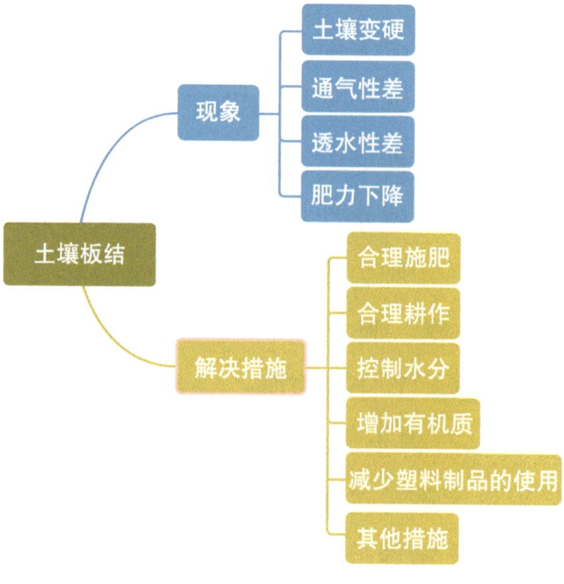

29 土壤盐碱化现象及解决措施有哪些？

（1）土壤盐碱化现象。土壤盐碱化是指土壤底层或地下水的盐分随毛管水上升到地表，水分蒸发后，盐分积累在表层土壤中的过程。这种现象在气候干旱、地下水位高、排水不畅的地区尤为常见。土壤盐碱化会导致土壤板结，使土壤养分利用率、有机质含量和土壤肥力下降，进而影响农作物的生长和发育。主要表现在以下4个方面。①土壤盐分积累：土壤表层盐分含量显著增加，超过植物正常生长所需的范围。②土壤物理性状恶化：土壤结构变差，透水性降低，保墒能力减弱，导致土壤有效水含量降低。③土壤肥力下降：土壤中的氮素损失严重，磷素有效性降低，锌、锰、铁、铜等微量元素的有效性也降低，进一步削弱了土壤的肥力。④作物生长受阻：盐碱化土壤中的高盐分和高碱性条件，导致作物根系难以吸收足够的水分和养分，从而影响作物的正常生长和发育，甚至导致作物减产或死亡。

（2）解决措施。①改良水利：一是改善排水设施，加强排水系统建设，如修建排水沟、排水渠等，确保多余的水分能够及时排出，降低地下水位；二是合理灌溉，采用滴灌、喷灌等节水灌溉技术，减少水分蒸发和盐分积累；三是旱季淋盐，在干旱季节或缺水地区，利用淡水淋洗土壤表层盐分，降低土壤含盐量。②化学改良：一是施用改良剂，石膏、磷石膏、亚硫酸钙等化学物质，中和土壤中的碱性物质，降低土壤pH值，同时置换土壤中的钠离子，减少盐分积累；二是添加有机质，增施有机肥和生物肥，提高土壤的肥力和保水能力，改善土壤结构。③生物改良：一是种植耐盐碱植物，如盐蒿、盐菊、沙柳等，这些植物具有抗盐碱的能力，可以在盐碱地上生长并改良土壤；

二是增加植被覆盖率，通过植树造林、种植牧草等措施，增加土壤植被覆盖率，减少土壤裸露和蒸发，抑制盐分上升。④物理改良：一是平整土地，通过深耕、松土等措施，打破土壤板结层，增加土壤通透性；二是设置隔离层，在盐碱土层下方设置隔离层，阻止盐分随水分上升；三是客土改良，从其他区域引入土壤，与盐碱土混合使用，降低土壤含盐量。

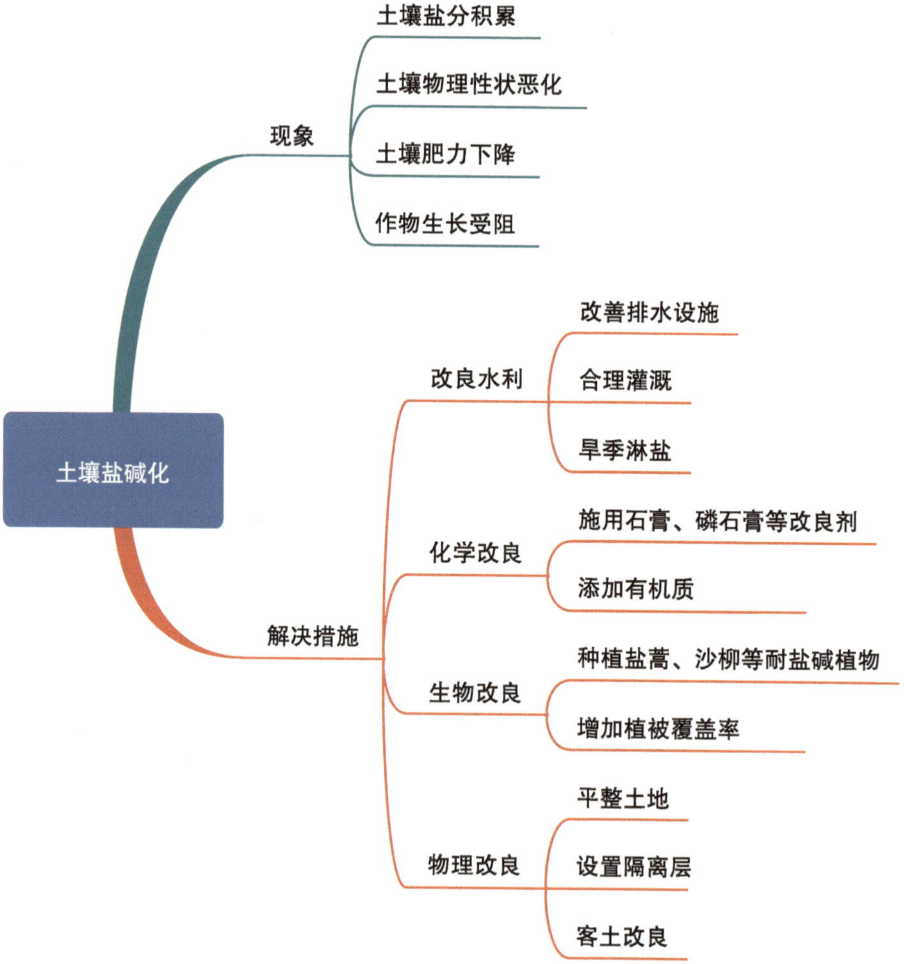

30 土壤酸化现象及解决措施有哪些？

（1）土壤酸化现象。土壤酸化是指土壤pH值下降，土壤呈现强酸性或极强酸性的现象。土壤酸化对农业生产造成了多方面的影响。①作物生长受抑：土壤酸化后，作物根系发育不良，养分、水分吸收困难，长势变弱，导致产量和品质下降。②养分流失：土壤中的钾、钙、镁等碱性盐基离子大量流失，使土壤肥力降低。③土壤板结：土壤酸化破坏了土壤的团粒结构，导致土壤板结，透气性变差，影响作物根系生长。④病害频发：土壤酸化后，作物免疫力差，容易被病虫害侵染，尤其是喜酸性的土传病害和根线虫等最为严重。⑤重金属污染：土壤酸化还会使大量被活化的重金属离子对作物根系产生毒害作用，导致农产品出现重金属残留超标等安全问题。

（2）解决措施。①合理施肥：一是减少氮肥用量，氮肥过量是导致土壤酸化的主要原因之一，应合理控制氮肥施用量，不偏施、不重施氮肥；二是补充钾肥和中微量元素肥料，适当补充钾肥和中微量元素肥料，有助于平衡土壤养分结构，缓解土壤酸化；三是采用测土配方施肥，根据土壤养分结构检测化验结果，科学配比用肥的种类和施用量，实现精准供给。②调节土壤pH值：一是使用碱性物质，如生石灰、熟石灰、石灰粉、土壤改良剂等，这些物质能够中和土壤中的酸性物质，提高土壤pH值；二是施用生理碱性肥料，也有助于调节土壤酸碱度。③增施有机肥：有机肥不仅能够增加土壤有机质含量，补充养分，在分解转化过程中还会消耗氢离子，抑制土壤酸化；但要确保有机肥充分腐熟后再施入土壤，避免未腐熟有机肥对土壤造成二次污染。④采用科学合理的灌溉方式：一是避免大水漫灌，大水漫灌会冲刷走土壤中的钙、镁等碱基离子，加剧土壤酸化，应采用滴灌、喷灌等节水灌溉方式；二是合理控制灌溉量，根据土壤干旱程度和作物生长期对水分的需求合理灌溉，避免过度灌溉导致土壤盐碱化。⑤轮作与种植绿肥作物：一是轮作，通过轮作不同种类的作物，改善土壤结构，减少病虫害的发生，并有助于恢复土壤肥力；二是种植绿肥作物，绿肥作物在生长过程中能够吸收和积累大量养分，翻压入土后能够增加土壤有机质含量，改善土壤理化性质。⑥加强土壤管理：一是深耕土壤，对土壤进行深耕可以改善土壤结构，防止土壤板结，并有利于土壤养分的释放和作物根系的生长；二是覆盖保墒，采用地膜覆盖、秸秆覆盖等方式可以减少土壤水分蒸发和养分流失，提高土壤保水保肥能力。

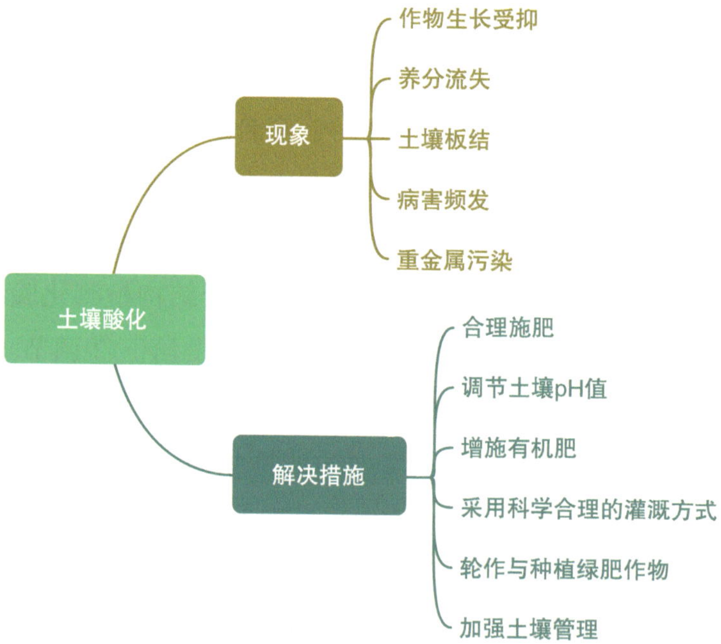

31 土壤多功能性如何提升？

土壤多功能性是指土壤能够同时提供和维持多个生态功能的能力，包括土壤养分循环、养分储存、微生物活性和凋落物分解等。具体提升方法如下。

（1）土壤生物改良。①种植绿肥：在农田种植生长速度快、产量高、含氮量高且易于分解的植物，如豆科、禾本科等，当这些植物生长到一定阶段，将其全部或部分刈割，还田或覆盖在土壤表面，增加土壤的有机质和养分含量，改善土壤结构。②施用有机肥：施用农家肥、堆肥、沼液、菌肥等有机肥，这些有机肥不仅能提供植物所需的养分，还能增加土壤有机质含量，改善土壤结构和通气性，促进有益微生物的生长和活动。③施用生物制剂：使用含有活性微生物（如固氮菌、磷溶菌、钾溶菌等）或其代谢产物的制剂，这些生物制剂能在土壤中固定、溶解或释放养分，供植物吸收利用，同时减少化肥的用量和负面影响。

（2）土壤工程改良。①平整土地：通过机械或人工方式调整土壤表面，消除凹凸不平，使土壤表面形成一定的坡度和方向，便于排灌和耕作，减少土壤侵蚀和流失。②引洪漫淤：在洪水季节，采取开闸放水、挖沟引水等措施，将河流或湖泊的洪水引入农田，带来泥沙和养分，增加土壤厚度和肥力。

（3）土壤化学改良。①调节土壤酸碱度：根据土壤pH值和缓冲能力，施用石灰、硫酸铵、硫黄等物质，提高或降低土壤pH值，使其接近中性或适合特定作物的生长，改善土壤酸碱状况。②施用改良剂：使用腐殖酸、膨润土、沸石等改良剂，增加土壤有机质含量和离子交换能力，改善土壤质地和结构。

（4）合理的土地利用和管理。①轮作和间作：通过轮作和间作制度，合理安排作物种植顺序和组合，减少病虫害发生，提高土壤养分利用效率。②减少化肥和农药使用：采用精准施肥和生物防治等措施，减少化肥和农药的过量使用，保护土壤生态环境。③保持土壤水分：根据土壤保水能力和蒸发能力，采用覆盖、深松、垄作等措施，增加土壤保水能力，减少蒸发损失。

（5）加强土壤监测和评估。①定期监测土壤质量：通过定期监测土壤养分含量、有机质含量、微生物群落等指标，了解土壤健康状况和多功能性水平。②评估土壤生态系统服务：评估土壤在养分循环、气候调节、生物多样性保护等方面的服务功能，为制定土壤管理策略提供依据。

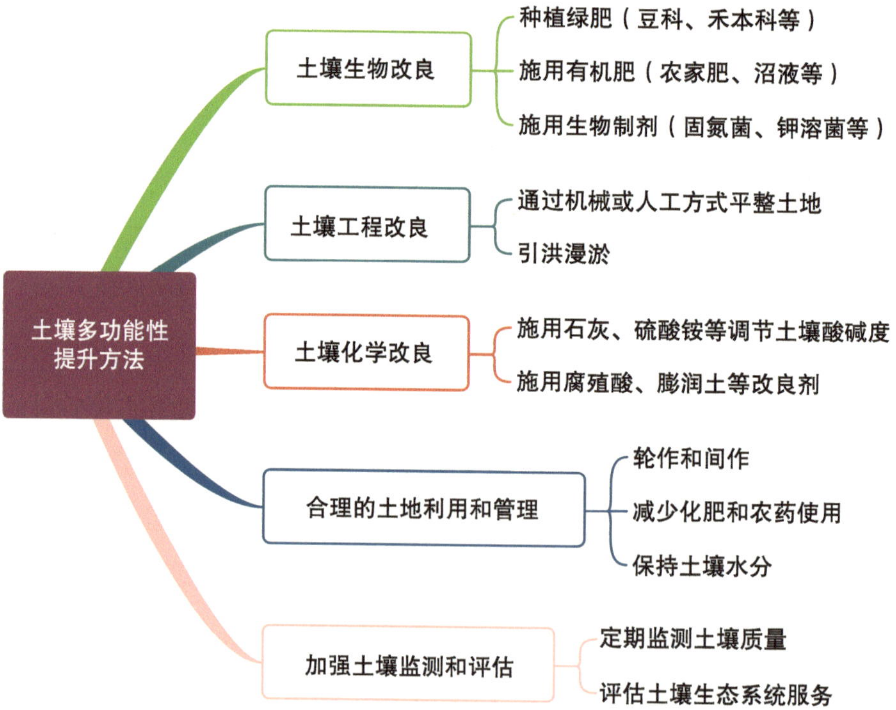

三、作物基础知识

32 什么是作物?

作物是指人类通过栽培手段，利用光照、温度、水分、土壤等自然条件，经过一定的生长发育阶段，获得一定经济产量和生物产量的植物，包括粮食作物、经济作物、饲料及绿肥作物等。

33 作物的分类有哪些?

作物的分类可以按照多种方式进行，但常见的分类方法是按照用途和植物学系统相结合的方式来划分，具体见下图。

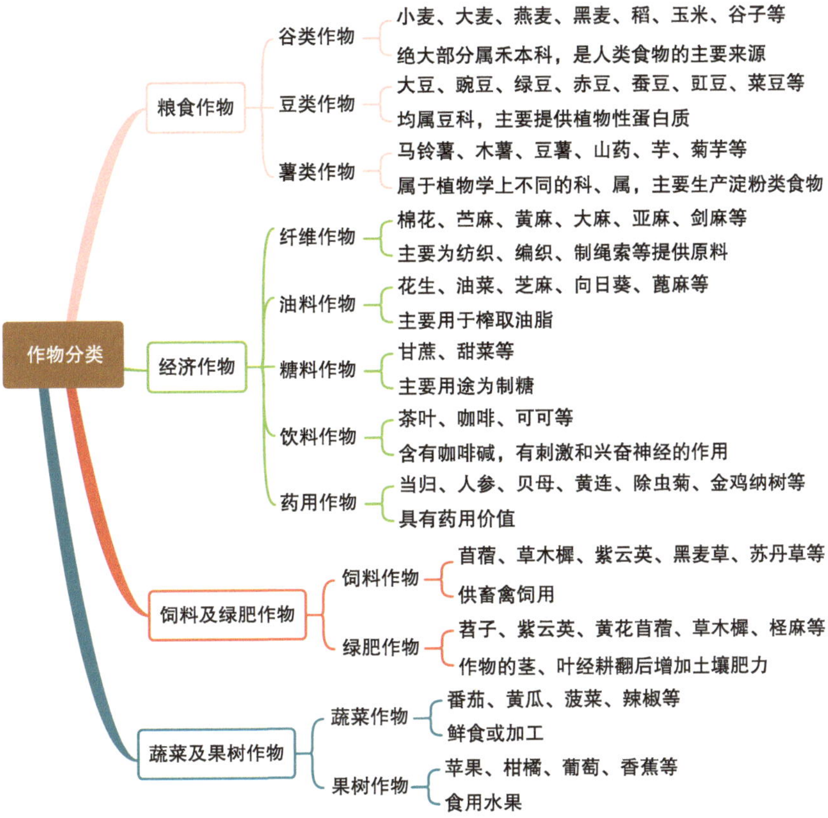

34 作物“吃”什么?

作物生长需要各种营养物质，就像人类需要食物一样。当我们说作物“吃”什么时，实际上是指作物为了生长需要从土壤或人工施肥中吸收哪些营养元素。作物“吃”的主要是来自土壤的养分，这些养分对作物的生长和发育至关重要。具体来说，作物主要需要以下4类养分。

（1）大量元素。①氮（N）：氮是作物生长过程中需求量最大的营养元素之一，对作物的叶片生长和光合作用有重要作用。②磷（P）：磷是作物体内核酸、蛋白质和酶的重要组成部分，对作物的根系发育、开花结果等过程有重要影响。③钾（K）：钾对作物的抗逆性、品质提升和产量增加有重要作用。

（2）中量元素。主要包括钙（Ca）、镁（Mg）、硫（S）。这些元素在作物体内也起着重要作用。例如，钙对细胞壁的形成和稳定性有贡献，镁是叶绿素的重要组成部分，硫则是蛋白质合成的必需元素。

（3）微量元素。主要包括硼（B）、锰（Mn）、铁（Fe）、锌（Zn）、铜（Cu）、钼（Mo）、氯（Cl）等。作物对这些元素需求量虽然很小，但它们同样不可或缺，作为酶的辅基或激活剂参与作物的多种生理过程。

（4）其他元素。例如，碳（C）、氢（H）、氧（O）等，这些元素主要通过作物的光合作用从空气中获取，是构成作物有机体的基本元素。

35 作物生长需要哪些基本条件？

①光照：是作物进行光合作用的基本条件，也是作物生长和发育的重要能量来源。②温度：作物需要在适宜的温度范围内才能进行正常的生理活动和生长发育。③水分：是作物生长不可或缺的要素之一。作物通过吸收水分进行各种生理活动，如光合作用、蒸腾作用等。④土壤：是作物生长的基础，为作物提供必要的养分、水分和空气。⑤养分：是作物生长和发育所必需的物质基础。作物通过吸收土壤中的养分来满足其生长和发育的需要。

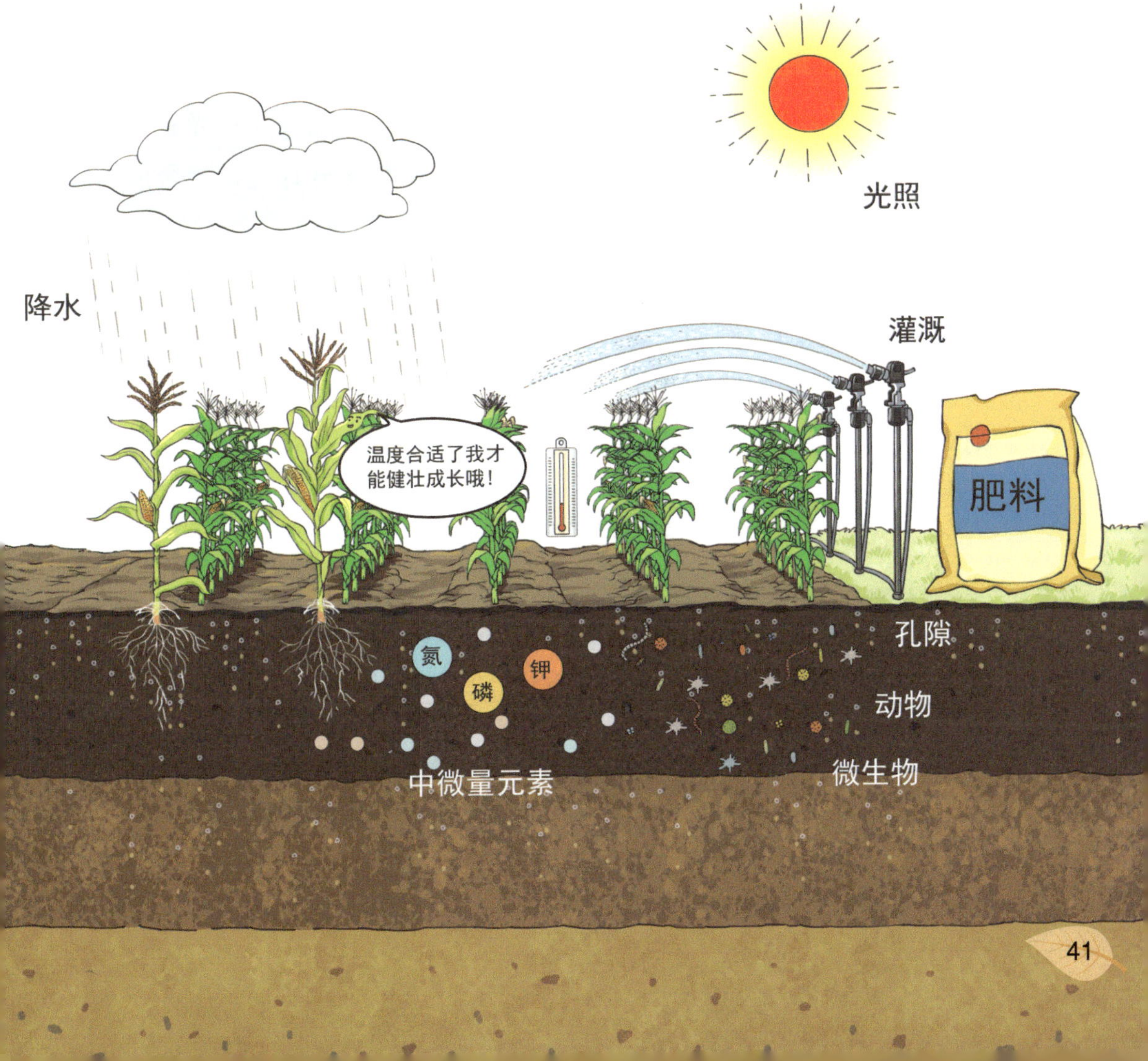

36 作物是自养生物吗？作物自养依靠哪些物质来完成？

作物是自养生物，即作物可以通过自身的生理过程，将无机物转化为有机物，以满足自身生长和发育的需要。这一过程主要依赖于以下4个方面的物质。

（1）光能。光能是作物进行光合作用的主要能量来源。在光照条件下，作物叶绿体能够吸收光能，并将其转化为化学能，进而驱动光合作用的进行。

（2）二氧化碳。在光合作用过程中，二氧化碳是合成有机物的重要原料之一。它与光能和水一起在叶绿体内经过一系列复杂的化学反应，最终合成葡萄糖等有机物。

（3）水。水同样是光合作用不可或缺的原料之一。在光合作用中，水分子被光解产生氧气和还原氢，后者参与有机物的合成过程。

（4）无机盐类。无机盐类是作物合成有机物和进行各种生理活动的物质基础。例如，氮是构成蛋白质、核酸等生物大分子的基本元素；磷参与腺嘌呤核苷三磷酸的合成和能量代谢过程；钾则对维持细胞的渗透压和酸碱平衡有重要作用。

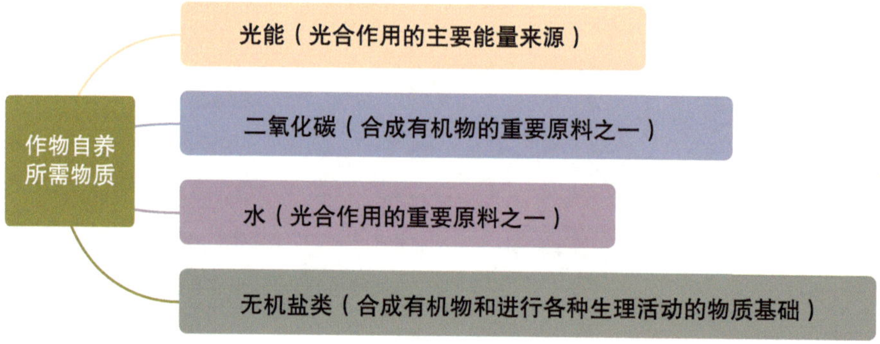

37 既然作物是自养的，为什么还要搞农业科研与生产？

尽管作物是自养的，即它们能够通过光合作用合成其所需的有机物，但农业科研与生产对于满足人类社会的食物需求、提升生活质量、保障粮食安全以及促进经济发展等方面具有不可替代的作用，主要有以下6个原因。

（1）提高产量。通过农业科研，科学家们可以培育出更高产、更抗病虫害、更适应不同环境条件的作物品种。这些新品种的推广和应用，可以显著提高农作物的单位面积产量，从而满足日益增长的人口对食物的需求。

（2）保障粮食安全。粮食安全是国家安全的重要组成部分。通过农业科研与生产，可以确保粮食的稳定供应和质量的持续提升，从而保障国家的粮食安全和社会的稳定。

（3）应对气候变化。气候变化对农业生产构成了严峻挑战。农业科研需要研究如何适应和缓解气候变化对农作物生长的影响，包括培育耐高温、抗旱、抗盐碱等抗逆境胁迫的作物品种，以及开发适应气候变化的农业生产技术和管理模式。

（4）资源高效利用。农业科研致力于提高农业生产过程中的资源利用效率，包括水、土地、肥料和农药等。节水灌溉技术、测土配方施肥技术、生物防治病虫害技术等，可以减少资源浪费和环境污染，实现农业生产的可持续发展。

（5）改善农产品品质。农业科研还关注于提高农产品的品质，包括口感、营养价值、耐储藏性等。选育优良品种和改良栽培技术，可以生产出更加符合消费者需求的农产品，提升人们的饮食质量和健康水平。

（6）促进经济发展。农业是国民经济的基础产业之一。农业科研与生产的发展可以带动相关产业的发展，如农产品加工、农村旅游、农业机械制造等，从而促进农村经济的繁荣和农民收入的增加。

38 氮是重要的营养元素，它是从哪里来的？

氮是重要的营养元素，它在自然界和农业生产中有着广泛的应用和来源，包括大气中的氮气、生物固氮、化肥、有机肥料、生物肥料以及工业废水和生活污水等。在农业生产中，合理利用这些氮素资源对于提高作物产量和品质具有重要意义。其来源主要可以归纳为6个方面，具体见下图。

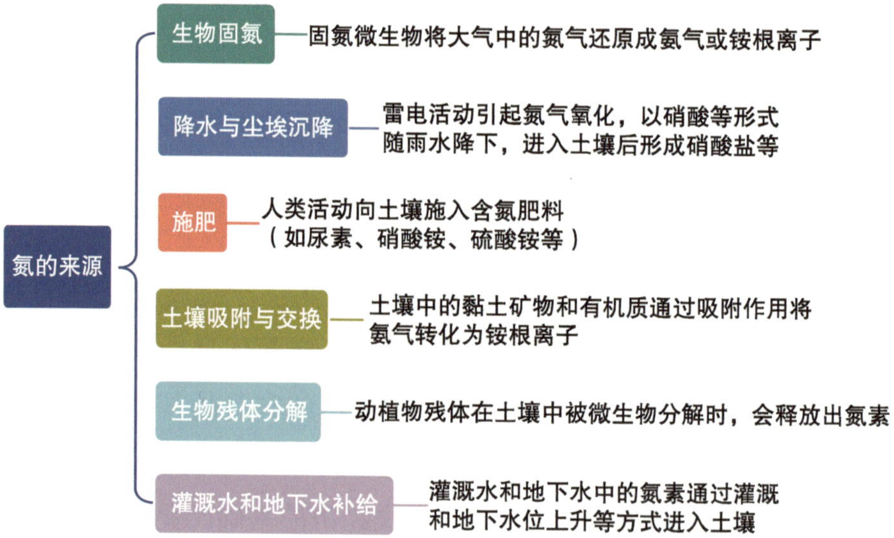

39 作物的六大器官分别发挥什么作用？

绝大多数绿色开花植物都有根、茎、叶、花、果实、种子六大器官。其中，根、茎、叶是营养器官，花、果实、种子是生殖器官。作物的六大器官在作物的生长和繁殖过程中各自发挥着不同的作用，它们共同构成了作物完整的生命体系，具体作用见下图。

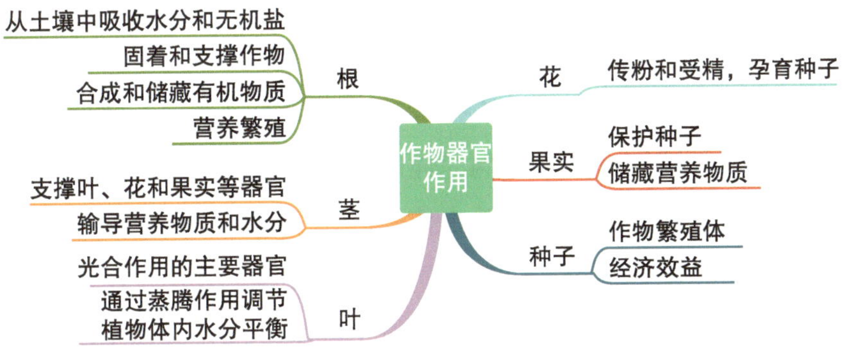

40 作物自身的保护机制是怎样形成的？

作物自身的保护机制是作物在长期进化过程中，为了适应和抵御各种环境压力、病虫害侵袭以及确保自身存活和繁衍而逐渐形成的。这些机制共同作用于作物，为作物提供了强大的保护力量，使其能够抵御病原微生物的侵袭、适应不利环境条件，并维持正常的生长发育。这些保护机制复杂多样，主要包括以下4个方面。

（1）遗传基础。作物的保护机制在很大程度上是由其遗传特性决定的。这些遗传特性通过长期的自然选择和人工驯化逐渐形成，使得作物能够抵御病虫害、逆境胁迫等不利因素。例如，一些作物品种具有天然的抗病、抗虫、抗旱、耐寒等特性，这些特性通过遗传传递给后代，从而增强了作物的自我保护能力。

（2）生理机制。作物通过一系列生理机制来应对外界环境的挑战。①光合作用：作物通过光合作用合成有机物，为自身生长提供能量和营养物质，同时释放出氧气，有助于改善生长环境。②蒸腾作用：通过叶片的蒸腾作用，作物可以调节体内水分平衡，降低叶片温度，防止高温灼伤，并促进营养物质的吸收和运输。③抗逆性：作物在逆境条件下（如干旱、盐碱、高温、低温等）会启动一系列抗逆机制，如合成抗逆蛋白、调整代谢途径、改变细胞结构等，以增强自身的适应性和抵抗力。

（3）防御反应。作物在受到病虫害等生物胁迫时，会启动一系列防御反应来保护自己。①物理防御：如作物表面的蜡质层、角质层、刺毛等结构可以阻挡病原体的侵入。②化学防御：作物会合成并释放一系列具有抗菌、杀虫作用的化学物质，如生物碱、酚类化合物、萜类化合物等，以抵御病虫害的侵袭。③免疫反应：作物体内虽然没有特定的免疫细胞，但每个细胞上都含有识别病原体的受体，当病原体入侵时，这些受体能够识别并触发免疫反应，如产生抗病蛋白、激活防御基因等，以清除病原体并恢复健康。

（4）进化适应。作物的保护机制是在长期的进化过程中逐渐形成的。通过自然选择和人工选择，作物逐渐积累了有利于生存和繁衍的遗传变异，这些变异增强了作物的自我保护能力。同时，作物与病虫害之间的相互作用也促进了双方的进化适应，形成了复杂的协同进化关系。

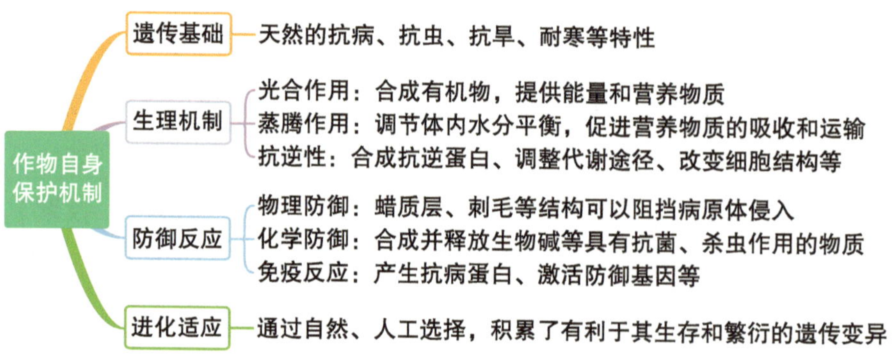

41 如何激发作物自身的保护机制？

激发作物自身的保护机制是提高作物抗病抗逆能力、实现绿色植保和可持续农业的重要手段，具体改良方法如下。

（1）遗传改良。通过现代生物技术手段，如基因编辑、转基因技术等，引入或优化作物的抗病、抗虫、抗旱、耐寒等抗性基因。筛选和培育具有优良抗性性状的作物品种，这些品种在遗传上更具有自我保护的能力。

（2）合理施肥。根据作物的营养需求和土壤条件，合理施用氮、磷、钾大量元素肥料以及中微量元素肥料。注意有机肥与化肥的结合使用，以改善土壤结构，提高土壤肥力。

（3）灌溉管理。根据作物的需水规律和当地的气候条件，制订科学的灌溉计划。采用滴灌、喷灌等节水灌溉技术，减少水分浪费，提高灌溉效率。

（4）病虫害防治。采用农业防治、生物防治和化学防治相结合的综合防治策略。及时发现并控制病虫害的发生，防止其扩散和蔓延。

（5）逆境锻炼。在作物生长的适当时期，给予适度的逆境锻炼，如干旱、低温等。通过逆境锻炼提高作物的抗逆性和自我保护能力。

（6）生态调控。构建合理的农田生态系统，增加生物多样性。利用天敌、微生物等自然因素控制病虫害的发生。

42 作物栽培技术有哪些？

作物栽培技术是在作物生命活动期间，根据作物的生长发育规律所采取的各种田间管理措施的总称。这些技术涵盖了从播种到收获的整个过程，旨在提高作物的产量和品质。以下是一些关键的作物栽培技术。

（1）水培技术。利用水为作物提供养分和生长环境，适用于蔬菜等作物的生产，可以有效解决土壤污染和土地资源短缺的问题。

（2）气雾栽培技术。利用喷雾装置将营养液雾化为小雾滴状，直接喷射到植物根系以提供植物生长所需的水分和养分的一种无土栽培技术。气雾栽培具有水资源利用率高、减少栽培植物硝酸盐含量等优点。

（3）温室栽培技术。通过人工创造适宜的生长条件，延长作物的生长季节，提高产量和品质。

（4）轮作与间作。轮作是指在同一块田地上有计划地按顺序轮种不同类型的作物和不同类型的复种形式；间作是指将两种或两种以上生育季节相近的作物在同一块田地上同时或同季节成行或成带地相间种植。这两种栽培方式可以均衡地利用土壤养分、改善土壤理化性状、减轻病虫为害等。

（5）精准农业技术。利用现代信息技术手段，如遥感、物联网、大数据等，对农田环境进行实时监测和精准管理，提高作物管理的科学性和精准性。

（6）生态农业技术。注重生态平衡和可持续发展的农业生产方式，包括有机农业、环境友好的农业生产方式等，旨在减少对环境的影响，保护农业生态系统。

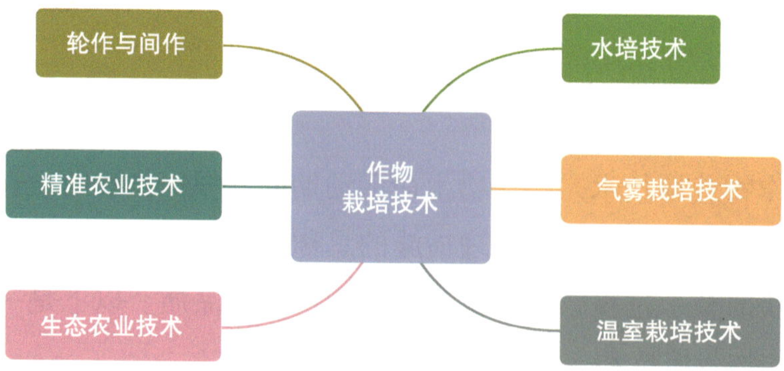

43 如何进行作物的田间管理？

作物的田间管理需要综合考虑土壤耕作、施肥、病虫害防治、灌溉与排水以及其他管理措施等多个方面。它涵盖了从播种后到收获前的一系列技术措施。

作物的田间管理是确保农作物健康生长、提高产量的关键环节，它要求农民在土壤耕作、灌溉与排涝、施肥、病虫害防治以及其他综合性管理措施上做到全面考虑和科学规划。合理的土壤耕作能改善土壤结构，为作物根系提供良好的生长环境。完善的灌溉与排水系统则能确保作物在生长过程中得到适量的水分，避免旱涝灾害。科学的施肥方案则能确保作物获得充足的营养，避免养分浪费或不足。有效的病虫害防治措施能减少作物损失，提高产量和质量。通过科学合理地运用这些措施，可以显著提高作物的产量和品质，促进农业的可持续发展。具体田间管理措施见下图。

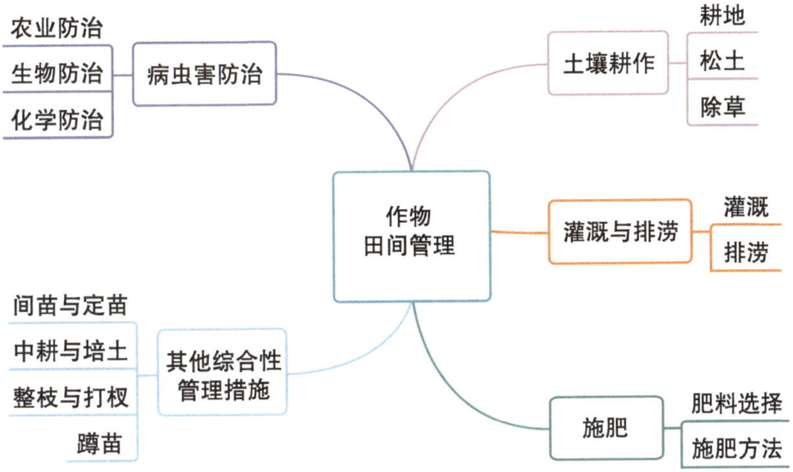

44 作物除了提供食物还有什么用途？

作物除了作为食物来源外，还具有广泛的工业、医药、能源、环保、生态和其他用途。这些多样化的应用不仅丰富了人类的生活，也促进了社会经济的发展。

在工业领域，棉花、麻类等为纺织业提供了原料；在医药领域，许多中药材源自作物，为人们的健康保驾护航；作物还是可再生能源的重要来源，如生物燃料乙醇的生产就离不开作物；作物在环保和生态修复中也扮演着关键角色，能够吸收二氧化碳、净化空气、防止水土流失。作物的具体用途见下图。

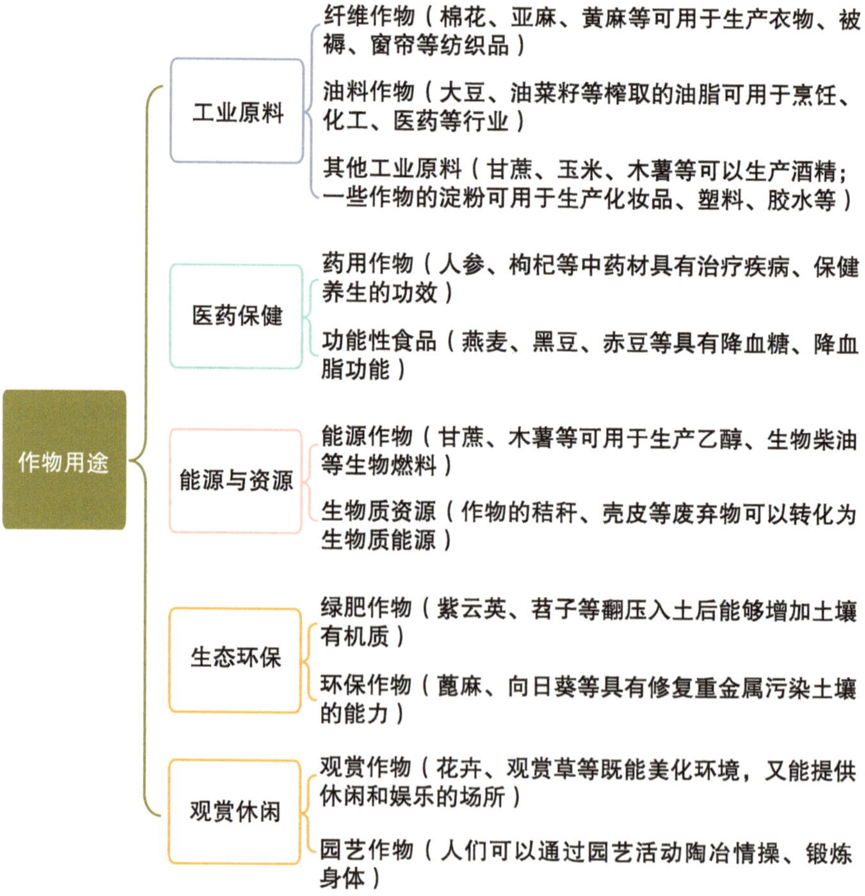

45 我国生产的粮食够我们吃吗？

（1）当前粮食生产情况。①夏粮丰收：据农业农村部最新数据，2024年夏粮产量达到1 497.8亿千克，再创历史新高，增产36.25亿千克。这表明我国粮食生产保持稳定增长态势。②全年粮食产量预期：根据《中国农业展望报告（2024—2033）》的预测，2024年我国粮食总产量有望达到7.04亿吨，比2023年增加800多万吨，这也是全国粮食总产量预计首次超过7亿吨。

（2）粮食消费需求。①粮食消费总量：我国每年粮食消费总量超过8亿吨，且消费需求在不断增长。②消费结构：在粮食消费结构中，直接食用的粮食只占一部分（如2023年直接食用的粮食占36.6%），而大部分粮食用于饲料、工业加工等其他用途。

（3）粮食自给率与进口。①自给率提升：小麦、稻谷完全能保障14亿人吃饭问题，部分粮食品种（如大豆、玉米等）仍需大量进口。②进口依赖：2023年我国大豆进口量为9 941万吨，玉米进口量为2 713万吨。大豆对外依存度高，需通过技术+贸易双轮驱动保障供应链安全。在“藏粮于地、藏粮于技”战略下，中国有能力实现总量平衡、结构优化的粮食安全目标。

第二部分

技术篇

46 目前我国农业种植面临的挑战有哪些？

目前我国农业种植面临的挑战多种多样，主要有资源环境压力、生产方式落后、市场与需求变化、质量与安全问题、政策与制度环境5个方面，这些挑战不仅影响着农作物的产量和质量，也影响着农业可持续发展。

（1）资源环境压力。①资源利用效率低：我国农业在资源利用效率方面存在不足，如氮肥等肥料的利用率仅为40%左右，与发达国家相比有较大差距。这导致资源浪费严重，同时加剧了环境压力。②水资源短缺：随着人口的增长和经济的发展，水资源短缺问题日益突出，农业作为用水大户，其灌溉方式和水资源管理能力直接影响水资源的可持续利用。③土地退化：长期过度开垦和不合理利用导致土地退化问题严重，如土壤侵蚀、盐碱化等，影响了农业生产的稳定性和可持续性。

（2）生产方式落后。①生产规模小且分散：我国农业生产仍然以小规模、分散经营为主，难以形成规模效益和竞争优势，这导致农业生产成本较高，市场竞争力较弱。②科技应用不足：虽然现代农业技术在不断发展，但我国农业在科技应用方面仍存在不足，许多地区在农业生产中仍采用传统方法，缺乏先进的农业科技支撑。③劳动力短缺：随着城市化进程的加快，大量农村劳动力向城市转移，导致从事农业的人口数量急剧下降，特别是年轻劳动力对农业生产的兴趣不高，加剧了农业劳动力短缺的问题。

（3）市场与需求变化。①市场需求多样化：随着生活水平的提高和需求的多样化，消费者对农产品品质、安全、营养等方面的要求也越来越高，这对农业生产提出了更高的要求和挑战。

②市场竞争加剧：国内外农产品市场的竞争日益激烈，我国农产品在国际市场上面临着来自其他国家的竞争压力；同时，国内农产品市场也呈现多元化、差异化的竞争格局。

（4）质量与安全问题。①农产品质量参差不齐：由于受生产方式、技术水平等因素的影响，我国农产品质量参差不齐。部分农产品存在农药残留、重金属超标等问题，影响了消费者的购买信心和农产品的市场竞争力。②质量监管体系不完善：虽然我国已经建立了农产品质量安全监管体系，但在实际执行过程中仍存在一些问题，如监管力度不够、检测手段落后等，导致部分问题农产品流入市场。

（5）政策与制度环境。①政策支持不足：虽然国家出台了一系列支持农业发展的政策措施，但在实际执行过程中仍存在一些问题。例如，政策落实不到位、资金投入不足等，影响了农业生产的稳定性和可持续性。②制度环境不完善：我国农业在制度环境方面仍存在一些不足。例如，农村土地制度、产权制度等尚需进一步完善和优化，以激发农村发展活力和提高农业生产效率。

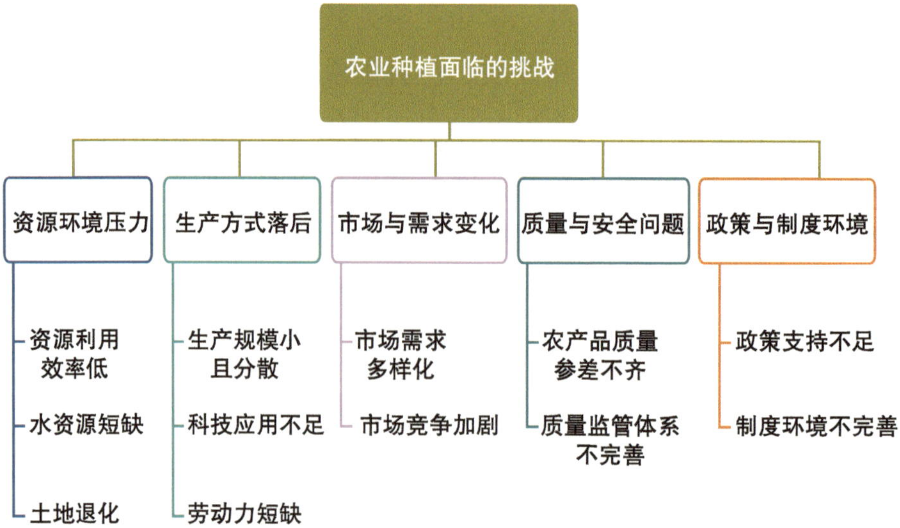

47 什么是生态循环农业？

生态循环农业是一种综合性的农业经营模式，它融合了种植业、畜牧业、渔业等多个领域，并通过加工业使其形成一个有机的整体。以下是关于生态循环农业的详细解释。

（1）定义。生态循环农业是一种利用微生物科技，将农、林、牧、副、渔等多个模块连接成一个整体生态链的良性循环系统。

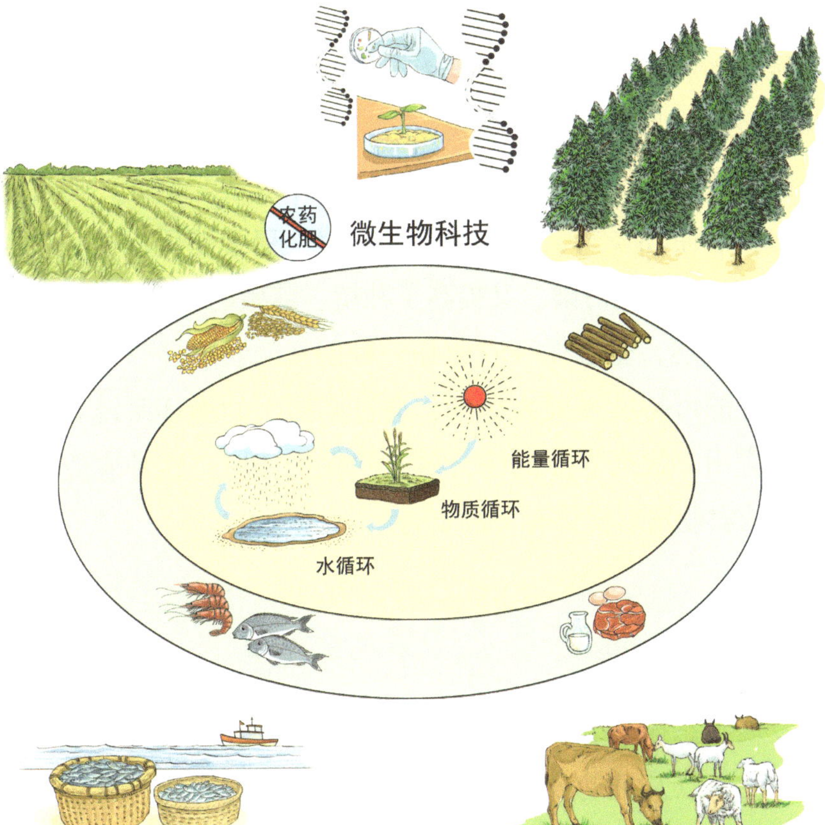

（2）目标。①解决农业污染问题：通过循环利用和减少废弃物排放，降低农业对环境的影响。②优化产业结构：通过多元化的经营模式提高农业的综合效益。③节约农业资源：通过高效的资源利用方式，减少浪费并提高产出。④提高产出：通过科学的种植和养殖方法，增加农产品的产量和质量。⑤改善农业生态：通过恢复和保护生态环境，实现农业的可持续发展。⑥保障食品安全：通过生态友好的农业实践，确保农产品的安全性和品质。

（3）特点。①多层次循环：生态循环农业打造了一个多层次的循环系统，包括物质循环、能量循环和水循环等，确保资源的最大化利用。②微生物科技的应用：利用微生物科技促进土壤养分的转化和利用，提高土壤肥力，同时减少化肥和农药的使用。③综合经营：将种植业、畜牧业、渔业等与加工业有机结合，形成一个完整的产业链条，提高农业的整体效益。例如，通过稻鱼共生的生态循环模式，实现种植、养殖全程不使用化学肥料和农药，既减少了环境污染，又提高了种植、养殖的品质。

综上所述，生态循环农业是一种创新的农业经营模式，它以实现农业的可持续发展为目标，通过多层次的循环系统和微生物科技的应用，提高农业的综合效益并保护环境。这种农业模式将为未来的农业发展提供有力的支持。

48 发展生态循环农业的意义有哪些？

发展生态循环农业对于实现农业增效、农民增收、农村经济可持续发展以及推动乡村全面振兴都具有重大的现实意义和深远的历史意义。它不仅是农业发展的必然趋势，也是实现可持续发展的重要途径之一。

（1）促进农业可持续发展。生态循环农业通过构建农业生态系统的良性循环体系，实现物质和能量的多级循环利用，减少资源浪费和环境污染。这种发展模式能够保护农业生态环境，确保农业资源的可持续利用，为农业的长期稳定发展提供有力保障。

（2）提高农业生产效率。生态循环农业注重科学管理和技术创新，通过优化农业产业结构、改进农业生产技术、提高资源利用效率等手段，提高农业生产效率。这不仅能够增加农产品产量和质量，还能够降低生产成本，提高农业经济效益。

（3）保护生态环境。传统农业发展模式往往存在过度开垦、过度放牧、化肥农药过量使用等问题，导致土壤退化、水源污染、生态破坏等严重后果。而生态循环农业通过减少化肥农药的使用、推广有机肥料、实施轮作休耕等措施，减轻对生态环境的压力，保护生态环境，维护生态平衡。

（4）推动农村经济发展。生态循环农业的发展不仅能够促进农业生产的稳定增长，还能够带动农村相关产业的发展，如农产品加工业、乡村旅游业等。这些产业的发展能够增加农民收入，提高农村经济发展水平，推动农村经济的全面繁荣。

（5）提升农产品品质与安全。生态循环农业注重农产品的品质与安全，通过减少化肥农药的使用、推广有机肥料等措施，提高农产品的营养价值和品质。同时，这种发展模式还能够降低农产品中的有害物质残留，保障消费者的健康权益。

（6）增强农业抗风险能力。生态循环农业通过构建多元化的农业生态系统，增强农业对自然灾害和市场波动的抗风险能力。例如，通过实施轮作休耕、种植多种作物等措施，可以分散病虫害风险；通过发展农产品加工业和乡村旅游业等多元化产业，可以降低对单一农产品的依赖程度，增强农业市场的稳定性。

49 实现生态循环有哪些途径？

实现生态循环的途径多种多样，涵盖了农业、工业、生活等多个方面，需要政府、企业、公众等多方面的共同努力和协作。通过推广生态循环农业、循环经济等理念和技术手段，加强政策与法规支持以及监管与执法力度等措施，逐步构建起一个资源节约、环境友好、经济高效的生态循环体系。主要可以从以下5个方面入手。

（1）农业领域的生态循环。①农业废弃物的多级循环利用：通过将上一产业的废弃物或副产品作为下一产业的原材料，实现资源的最大化利用。例如，沼气综合利用，将畜禽养殖场排泄物、农作物秸秆等作为沼气基料处理，产生的沼气作为燃料，沼液、沼渣作为有机肥，推行“猪—沼—果（菜、粮、桑、林）”等循环模式。畜禽粪便收集处理和有机肥加工利用，提高畜禽粪便收集率及综合利用率，减少环境污染。②农作物秸秆的综合利用：推广秸秆还田模式，增加农田肥力，减少焚烧排放。构建以秸秆为纽带的农业循环模式，如“秸秆—基料—食用菌”“秸秆—成型燃料—农户”“秸秆—青贮饲料—养殖业”等产业链。

（2）水资源管理与利用。推行节水农业技术如喷灌、滴灌、微喷灌等，提高水资源利用效率。例如，以色列的农业滴灌技术，可以直接将水输送到农作物根部，比传统灌溉方式节水20%以上。加大对污水处理和循环使用的投入，将处理后的污水用于农业灌溉，实现水资源的循环利用。

（3）生态环境保护与修复。①植树造林与植被恢复：采取植树造林、退耕还林还草等措施，增加植被覆盖，提高生态系统的稳定性和自我修复能力；推广多年生植物的种植，减少土地资源的浪费，增强土地的抗灾能力。②生物多样性保护：保护生物多样性，维护生态系统的平衡和稳定。例如，在农业生产中，通过种植多样性的植物以及引入天敌等生物防治手段，减少化学农药的使用，保护生态环境。

（4）科技创新与政策支持。①科技创新：加强农业科技研发，推广先进的农业技术和装备，提高农业生产效率和资源利用率；利用信息化、工业化技术与生产技术相结合，推动农业现代化发展。②政策支持：制定和完善相关政策法规，为生态循环农业的发展提供制度保障；加大对生态循环农业的投入力度，提供财政补贴、税收优惠等激励措施，引导社会资本投入。

（5）社会参与与宣传教育。①社会参与：鼓励企业、农户等社会各界积极参与生态循环农业的发展，形成政府引导、市场驱动、社会参与的良好氛围；推广生态循环农业的成功案例和经验做法，提高社会各界对生态循环农业的认识和重视程度。②宣传教育：加强生态环保宣传教育，提高公众的生态环保意识和参与度；通过各种渠道和形式宣传生态循环农业的重要性和意义，引导人们形成绿色、低碳、循环的生活方式。

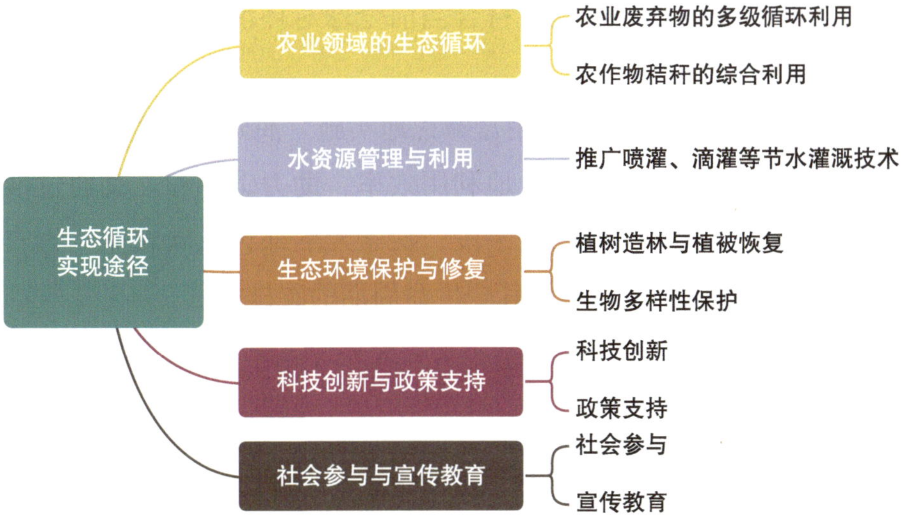

50 什么是低碳农业？

低碳农业是一种创新的农业发展模式，它结合了产业结构调整、技术与制度创新以及可再生能源利用等多种手段，旨在实现农业的可持续发展和环境保护。

（1）定义与核心理念。低碳农业致力于在农业生产、供给和销售过程中降低能源消耗和减少温室气体排放。它强调在确保粮食安全和食品供给的基础上，通过提高能效、降低能耗来实现低碳排放。

（2）实现手段。①产业结构调整：优化农业产业结构，减少对化石燃料的依赖，增加对可再生能源的使用。②技术与制度创新：引入节能高效的农业技术和设备，创新农业管理制度，提高资源利用效率。③可再生能源利用：积极利用太阳能、风能等可再生能源，降低农业生产过程中的碳排放。

（3）重要性与意义。①低碳农业有助于减缓全球气候变暖，维护生态环境平衡。②低碳农业能提高农产品质量，确保农产品安全，同时促进农民增收和农村经济发展。③低碳农业是推动农业可持续发展的重要途径，符合当前全球对环境保护和气候变化的关注趋势。

（4）实践案例。①利用盐碱荒地实施“渔光互补模式”，水上发电、水下养殖，提高土地利用效率，助力碳中和。②通过推广有机肥、绿色防控技术等手段，探索发展绿色低碳农业，为农产品贴上“碳标签”，展示其全生命周期的碳排放量。

51 实现低碳农业有哪些途径?

低碳农业旨在减少农业生产过程中的温室气体排放，提高资源利用效率，保护生态环境，同时确保农产品的质量和安全。实现低碳农业的主要途径详细归纳如下。

（1）合理高效利用化肥。①有机肥替代化肥：通过增施有机肥，减缓土壤有机质分解，缩短有机粪肥的田间暴露时间，减少土地耕作活动，从而改善土壤水分管理，减少CO_2排放量。②测土配方施肥：根据作物需求施肥，减少化肥的使用数量，避免农田土壤中氮肥过剩，提高氮肥利用率。③使用氮肥硝化抑制剂：减少氮肥在土壤中的转化和排放，进一步降低碳排放。

（2）节水灌溉。①改进灌溉技术：采用滴灌、微喷灌等节水灌溉技术，提高水资源的利用效率，减少水的渗漏与蒸发。②土地平整和条田建设：提高土地的平整度，有助于节水灌溉技术的实施，平均节水可达10%～20%。③农艺节水技术：根据作物生长周期和需求饱和度进行适时、适量供水，实现节水、增产和增效。

（3）有害投入品减量、替代模式。①生物农药替代化学农药：减少化学农药的使用，降低对环境的污染。②可降解农膜替代不可降解农膜：减少农田中的白色污染，促进农业废弃物的资源化利用。

（4）立体种养的节地模式。进行立体种植、养殖，充分利用土地、阳光、空气、水等资源，拓展生物生长空间，增加农产品产量，提高产出效益。例如，农作物合理间种、套种，立体种植，鸭稻共生等方式。

（5）清洁能源模式。利用农村资源发展清洁能源，如风力发电、秸秆发电、秸秆气化、太阳能利用等。近年来，各地积极推行“一池（沼气池）三改（改厕、改厨、改圈）”生态富民工程，促进农业生产的良性循环。

（6）推广高效农业。采用高效的生产技术和管理手段，发展区域绿色农业规模化生产体系，建设现代化标准农业生产示范区。加强科技的研究和应用，提高农业机械化水平。

（7）智慧农业发展。①数字化管理：利用数字化农业技术，精准控制温度、湿度、施肥等指标，提高农作物产量和品质。②智能化检测技术：提高智能化检测技术的精准控制程度，减少农业生产过程中的资源浪费和碳排放。

（8）农业生态化。推广生态农业模式，如北方的“四位一体”生态模式、平原农林牧复合生态模式、南方“猪—沼—果”生态模式等。这些模式通过生态循环和资源高效利用，减少了农业生产过程中的碳排放。

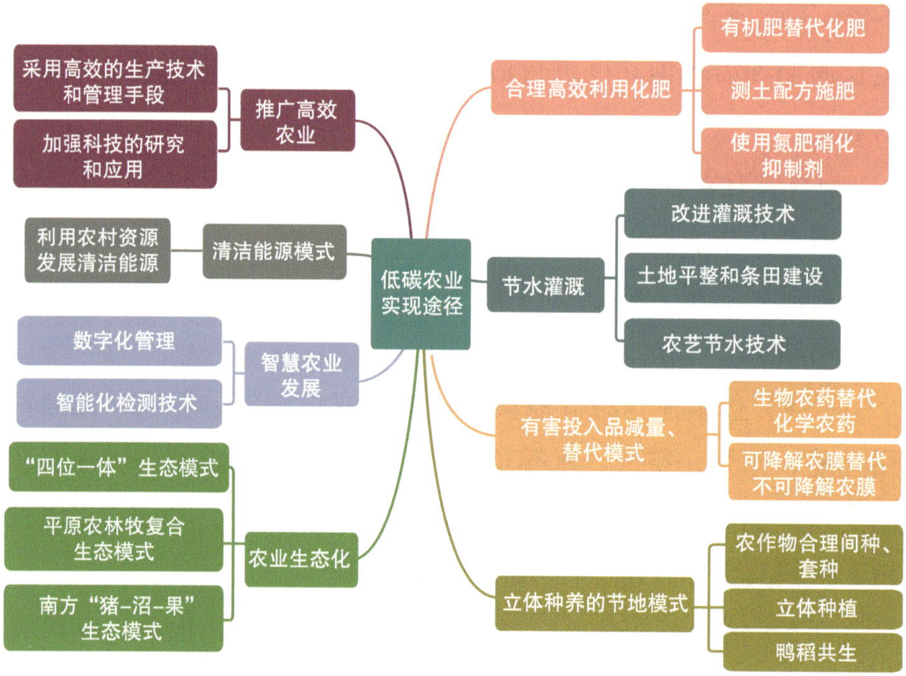

52 什么是有机化农业？

有机化农业是遵循“食物链”与“第一性”规律，参照国际通行的有机种植规范和标准，在现实种植环境、习惯和应用投入品条件下，通过应用独特的有机化种植、养殖技术和产品，让农产品无限接近或达到有机检测标准的一种农业模式。有机化农业是有机农业的先导模式。在这个过程中，农业生产者逐渐减少或停止使用化学合成的农药和化肥，转而采用有机农业的方法和原则进行生产。它强调环境保护、人类健康和可持续发展，是现代农业发展的重要方向之一。

53 什么是有机农业？

有机农业是指在生产中完全或基本不用人工合成的肥料、农药、生长调节剂和畜禽饲料添加剂，而采用有机肥满足作物营养需求的种植业，或采用有机饲料满足畜禽营养需求的养殖业。它遵循自然规律和生态学原理，协调种植业和养殖业的平衡，采用一系列可持续发展的农业技术以维持持续稳定的农业生产体系。它可以帮助解决土壤侵蚀、土地质量下降、环境污染和能源消耗等问题，同时提高农民收入和发展农村经济。此外，有机农业还有助于保护物种多样性、维护生态平衡以及促进农业可持续发展。

54 如何提升有机农业的生产效率？采取什么生产模式？

通过合理的土地规划和作物布局、土壤健康与肥力管理、优良作物品种的选择与改良、病虫害防治、精准灌溉与施肥以及农业机械化与智能化等策略，可以有效提升有机农业的生产效率。同时，根据市场需求和资源条件选择合适的生产模式也是实现有机农业可持续发展的重要途径。

（1）提升生产效率的措施。①科技创新：引入现代农业技术，如精准农业、智能化农业等，通过数据分析、远程监控等手段提高农业生产的精准度和效率；研发和应用有机农业专用的生物肥料、生物农药等，以提高土壤肥力和作物抗病虫害能力。②合理利用土地资源：科学规划土地使用，采用轮作、间作、套种等种植方式，提高土地利用效率；实施秸秆还田、合理施肥等措施，改善土壤结构，提高土壤肥力。③农业机械化与智能化：推广使用适合有机农业的机械化设备，如有机肥料撒播机、生物防治设备等，降低劳动力成本，提高生产效率；引入智能农机装备，实现精准播种、精准施肥、精准收获等作业，提高农业生产精度和稳定性。④加强生产管理：建立完善的有机农业生产管理体系，包括生产标准、操作规程、质量控制等方面；加强对生产过程的监控和管理，确保有机农业生产的各个环节都符合标准要求。

（2）生产模式建议。①循环农业模式：具体见第47问。②有机农场模式：建立有机农场，进行规模化、专业化的有机农业生产；农场可以配备先进的生产设备和管理团队，实现精细化管理和高效生产；同时，农场还可以开展农业观光、生态旅游等活动，增加收入来源。③有机订单农业模式：主要包括3种。一是“公司+农户”模式。单一农户难以进行大规模的有机农业生产，因此可以通过公司与农户合作的方式，由公司提供技术支持、市场渠道等资源，农户负责具体生产。这种模式可以实现资源共享、优势互补，提高有机农业的生产效率和市场竞争力。二是“公司+基地+农户”模式。该模式在“公司+农户”模式的基础上，增加基地建设环节。公司投资建设有机农业生产基地，为农户提供统一的生产标准、技术指导和市场渠道。农户在基地内按照公司要求进行生产，确保有机农产品的质量和产量。这种模式可以更好地控制生产过程和产品质量，提高市场竞争力。三是“公司+农民合作组织+农户”模式。通过农民合作组织将农户组织起来，与公司进行合作。合作组织可以为农户提供技术培训、市场信息等服务，帮助农户提高生产技能和市场意识。公司则负责提供技术支持、市场渠道等资源，确保有机农产品的销售和市场竞争力。这种模式可以增强农户的组织化程度和市场议价能力，提高有机农业的生产效率和收入水平。

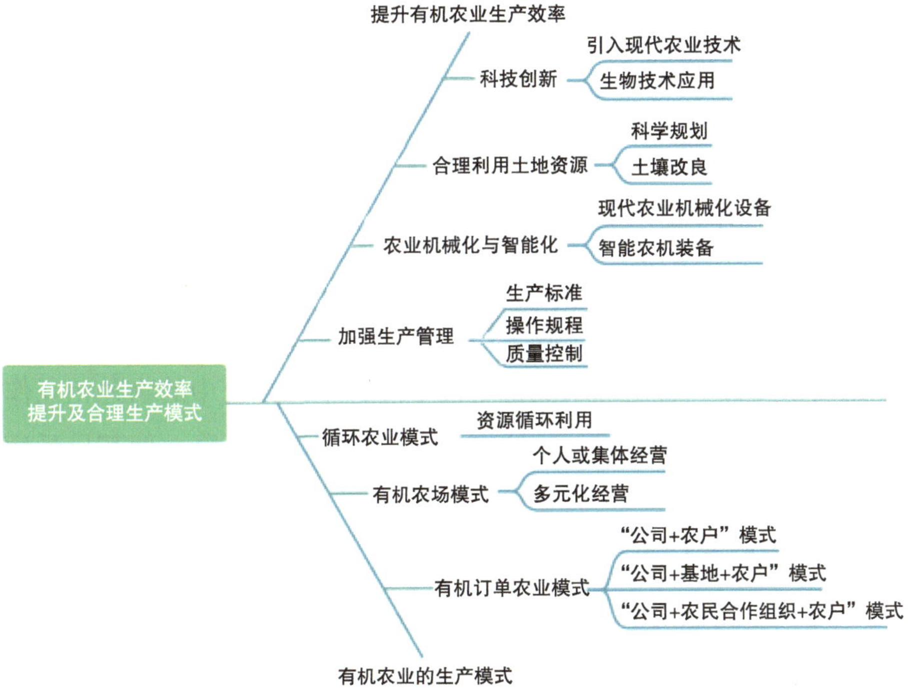

55 有机农业发展需要的投入品主要包括哪几类？

有机农业发展需要的投入品主要包括土壤培肥和改良物质、植物保护产品以及其他投入品等。这些投入品的使用需要遵循有机农业的标准和原则，确保农产品的安全和环境的可持续性。具体见下图。

56 现代常规农业主要存在哪些挑战？

（1）环境污染。①化肥和农药残留：大量使用化肥和农药会导致土壤、水源和空气污染，进而影响生态系统和人类健康。这些化学物质在环境中积累，可能通过食物链进入人体，引发健康问题。②土壤退化：长期过量使用化肥会破坏土壤结构，导致土壤板结、肥力下降，甚至盐碱化。

（2）生态失衡。①生物多样性减少：农药的广泛使用会杀死大量害虫的天敌，破坏生态平衡；同时，单一作物种植模式也减少了生物多样性。②生态系统稳定性下降：生态系统中的物种相互作用和能量流动受到干扰，导致整个系统的稳定性下降，使其易受病虫害侵袭。

（3）资源枯竭。①化石能源依赖：现代农业高度依赖石油等化石能源，这些能源是有限的，且在开采和使用过程中会产生大量温室气体。②水资源浪费：灌溉系统的不完善和水资源管理的缺乏导致大量水资源浪费，特别是在干旱和半干旱地区。

（4）经济可持续性。①投入产出比下降：随着农业生产成本的上升（如化肥、农药和机械费用），投入产出比逐渐下降，影响农民的经济收益。②市场风险：全球农产品市场波动较大，农民面临的市场风险增加。

57 生态循环农业、低碳农业、有机农业、现代常规农业的区别是什么？

生态循环农业、低碳农业、有机农业和现代常规农业是4种不同的农业发展模式，它们各自具有独特的特点和优势。

（1）核心理念。生态循环农业强调生态平衡、环境保护和资源循环利用；低碳农业注重降低能源消耗和碳排放，提高能源利用效率；有机农业遵循自然规律和生态学原理，不使用化学合成物质；现代常规农业追求高产量、高效率和经济效益最大化。

（2）生产方式。生态循环农业通过物质循环和产业融合实现资源的高效利用；低碳农业采用制度创新、科技进步和能源结构调整等手段降低能源消耗；有机农业采用天然耕作方法，不使用化学合成肥料和农药；现代常规农业依赖化肥、农药和机械设备进行大规模生产。

（3）产品特点。生态循环农业产品安全、绿色；低碳农业产品生产过程中碳排放低，环保安全；有机农业产品为有机食品，符合相关标准和要求；现代常规农业产品产量高，但可能存在农药和化肥残留问题。

58 有机肥在土壤养护中的作用有哪些？

有机肥的原料来源非常广泛，包括作物秸秆、人畜粪便、农副产品、豆粕、花生饼、骨粉、肉粉、鱼粉、餐厨垃圾、河道淤泥等。原料经过堆肥发酵，通过微生物的代谢活动，将有机物质分解为植物可吸收的营养成分。在发酵过程中，温度、湿度、翻堆次数等因素都会影响发酵效果。发酵完成后，再进行加工处理，如粉碎、筛分、造粒等，制成成品有机肥。在土壤养护中，有机肥的作用主要包括以下3个方面：一是改善土壤结构，有机肥能改善土壤团粒结构，增加土壤的通透性，使土壤的水、肥、气、热更加协调，这有助于为植物根系提供良好的生长环境；二是提高土壤肥力，有机肥富含有机质和各种营养元素，能为土壤提供丰富的养分，提高土壤的肥力水平；三是增强土壤保水保肥能力，有机肥能增强土壤的保水保肥能力，减少养分流失，提高肥料的利用率。

59 秸秆还田的作用有哪些？

秸秆还田在改善土壤结构、提高土壤肥力、增加土壤碳储存、促进作物生长、减少环境污染、促进农业废弃物的资源化利用以及调节土壤温度等方面具有显著作用，对于促进农业可持续发展和提高农业生产效率具有重要意义。秸秆还田是一种农业实践，即将农作物秸秆通过一系列处理方式返回农田中，以提高土壤质量和促进作物生长。这一做法的积极作用体现在以下几个方面。

60 我国秸秆收集技术现状怎样？

目前我国小麦、水稻秸秆机械化收集基本采用分段式。收获设备，如圆捆捡拾设备和小型方捆捡拾设备，普遍存在缠绕、堵塞工作部件、结构强度不足、密度低、可靠性不高等问题，且这些机械只适于旱地，不适于水田作业。玉米秸秆除青贮饲料收获和秸秆粉碎还田实现了全机械化外，无专用收集机械，基本为人工收集。对棉秆收集虽研发出一些机型，但均未推广。其他豆类、薯类、油料作物、甘蔗、麻类等秸秆无使用收集机械的报道。

61 秸秆处理技术有哪些？

秸秆处理的技术多种多样，每种技术都有其独特的优点和适用场景，旨在实现秸秆的资源化、减量化、无害化利用。在实际应用中，应根据当地的具体情况和需求选择合适的技术进行推广和应用。下图展示了一些主要的秸秆处理技术。

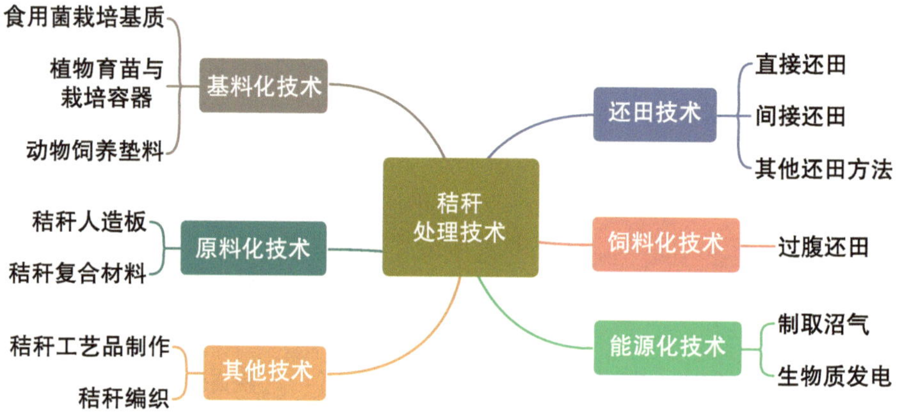

62 秸秆还田技术有哪些？

秸秆还田技术是一种有效的农业废弃物资源化利用方式，可以提高土壤肥力、改善土壤结构、减少化肥施用量、促进农业可持续发展。但在实际应用中，需要根据当地的气候条件、土壤类型、作物种类以及秸秆的数量和质量等因素综合考虑，选择合适的还田方式和操作技术。

（1）直接还田法。①翻压还田：在作物收获后，将粉碎后的作物秸秆通过翻耕或旋耕的方式混入土壤表层或浅层中，这种方法简单易行，能使秸秆中的养分完整地保留和释放到田间土壤中去；注意掌握好秸秆还田的用量，配施一定量的氮肥、磷肥、石灰或生物菌肥等，同时注意土壤、秸秆的湿度以及镇压落墒。②覆盖还田：将粉碎后的秸秆直接覆盖在地表，不进行翻耕，这种方法可以保持土壤水分，减少土壤侵蚀，同时秸秆在分解过程中会逐步释放养分给作物。③粉碎还田：使用机械将秸秆粉碎成5～10厘米的小段，然后直接混入土壤中，这种方法能增加秸秆与土壤的接触面积，加速秸秆的分解。

（2）间接还田法。①堆肥还田：将秸秆与畜禽粪便、人粪尿等有机废弃物混合堆制发酵，制成腐熟的有机肥料后再施入土壤，这种方法能充分利用秸秆中的养分，同时能杀灭秸秆中的病菌和虫卵。②沤肥还田：将秸秆粉碎后，与适量的水混合，放入坑池或容器中密封沤制；经过一段时间的发酵，秸秆会腐熟并形成有机肥料，可用于还田。③过腹还田：将秸秆作为饲料饲喂家畜，家畜排泄物再作为肥料还田，这种方法实现了秸秆的循环利用，同时提高了饲料的利用率和土壤的肥力。

（3）其他还田方法。①压实法：将秸秆拖进田间，利用机械将其压实成饼状，覆盖于耕作层上。②覆盖垄中间法：在田间起垄，将秸秆放在垄中间，防止水土流失并增加土壤肥力。③发酵法：将秸秆放置于通风透气的袋子中，施加微生物菌剂进行发酵处理，达到一定的腐熟程度后再还田。④垫底法：将秸秆放在沟渠底部，覆盖上泥土或粪肥，以防止泥土被冲走并增加土壤肥力。

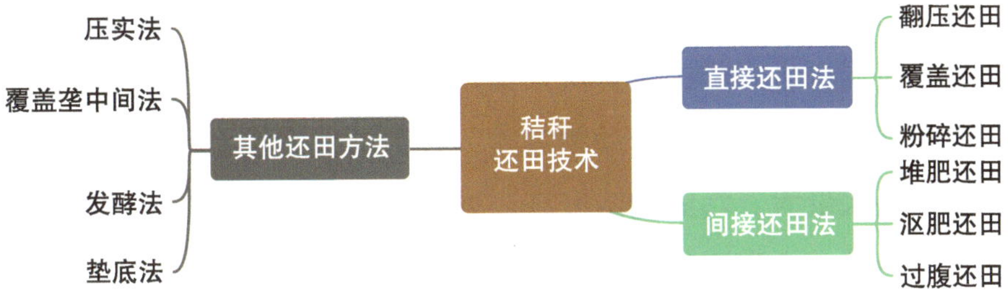

63 秸秆还田的注意事项有哪些？

秸秆还田技术是一项重要的农业实践，对于提升土壤质量、促进作物生长以及减少环境污染具有重要意义。科学合理的秸秆还田实践，可以充分发挥其作用。秸秆还田技术的注意事项见下图。

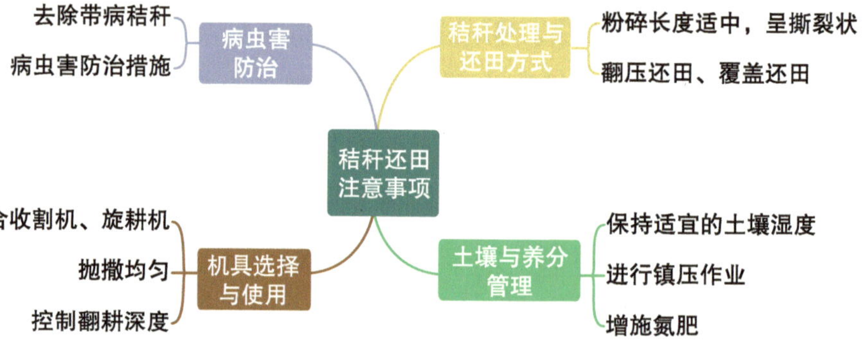

64 畜禽粪污的收集工艺有哪些？

畜禽粪污的收集工艺是畜禽养殖管理中的重要环节，它直接关系到粪污的后续处理与资源化利用。畜禽养殖者应根据养殖规模、粪污成分、后续利用方式以及当地环保要求等因素，选择合适的粪污收集工艺。同时，应加强粪污收集设施的建设和管理，确保粪污得到妥善处理，避免对环境和人体健康造成危害。以下是一些常见的畜禽粪污收集工艺。

（1）水冲粪工艺。该工艺通过水流冲洗畜舍内的粪便，使粪便和尿液混合进入粪沟，再流入集污池或主干沟。优点：可保持畜舍内的环境清洁，有利于动物健康，且劳动强度小、劳动效率高。缺点：耗水量大，污染物浓度高，处理难度大。该工艺已逐渐被淘汰，因为其对水资源的浪费和后续处理成本高。

（2）干清粪工艺。该工艺主要通过人工或机械方式及时清除畜舍内的粪便，同时保持尿液和冲洗水的分流。优点：可以充分利用劳动力资源，减少用水量和用电量，保持固体粪便的营养物，提高有机肥肥效。缺点：人力投入大，机械化操作成本高，适用性受限。

（3）生态发酵床工艺。利用活性功能微生物复合菌群将动物粪尿废弃物转化为有用物质与能量，实现畜禽粪尿的完全降解。优点：简化清粪工作，提高饲料利用率。缺点：温度控制困难，发酵过程不稳定。

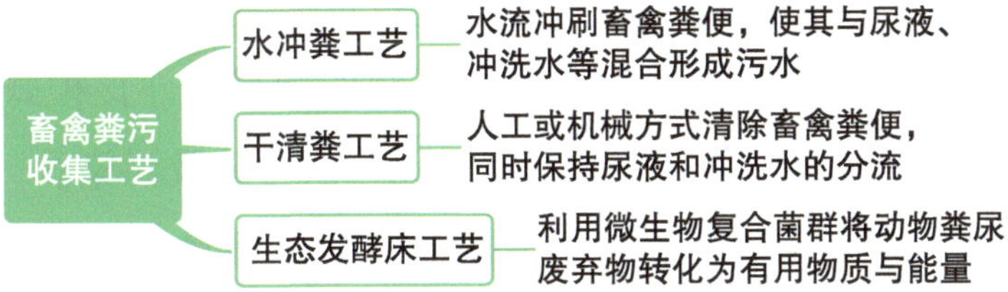

65 畜禽粪污的处理技术有哪些？

畜禽粪污处理旨在实现粪污的减量化、无害化和资源化利用。畜禽粪污处理技术主要包括以下几种模式。

（1）粪污全量还田模式。将养殖场产生的粪便、尿液和污水集中收集后全部引入氧化塘储存，无害化处理后在施肥季节进行农田利用。该模式成本低、养分利用率高，但需要足够的土地建设氧化塘储存设施且运输费用高。

（2）粪便堆肥利用模式。以固体粪便为主，进行好氧堆肥无害化处理，然后直接农田利用或生产有机肥。该模式适用于只有固体粪便、无污水产生的家禽养殖场或羊场等。

（3）粪水肥料化利用模式。将粪水经氧化塘处理储存后与灌溉用水混合进行水肥一体化施用。该模式适用于周围配套有一定面积农田的畜禽养殖场。

（4）粪便基质化利用模式。以畜禽粪污为原料进行堆肥发酵，生产基质盘和基质土，用于栽培果菜等经济作物。该模式实现了农业生产链零废弃、零污染的生态循环生产。

（5）粪便垫料化利用模式。将粪污固液分离，固体粪便进行好氧发酵无害化处理后回用作为牛床等垫料，污水储存后作为肥料进行农田利用。该模式适用于规模奶牛场，可减少粪污后续处理难度。

（6）粪便饲料化利用模式。将畜禽养殖过程中的干清粪与蚯蚓、蝇蛆及黑水虻等动物蛋白混合进行堆肥发酵生产有机肥，用于农业种植，发酵后的动物蛋白用于制作饲料等。该模式实现集约化管理，成本低、资源化效率高且无二次排放及污染。

（7）粪便燃料化利用模式。对搅拌后的畜禽粪便进行脱水加工、挤压造粒，生产生物质燃料棒，作为替代生产用燃煤燃料，能够减少二氧化碳和二氧化硫排放量，但投入成本较高。该模式适用于城市和工业燃煤需求量较大的地区。

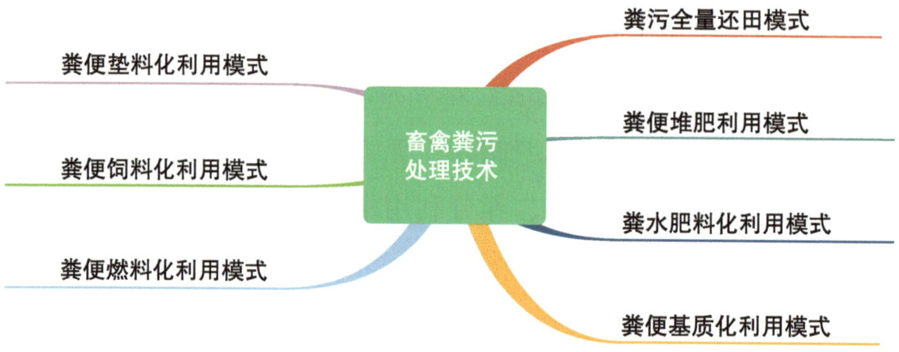

66 畜禽粪污的还田技术有哪些？

畜禽粪污还田技术是实现畜禽粪污资源化利用的重要途径之

一，对于促进农业可持续发展具有重要意义。可根据养殖场的实际情况和周边土地条件选择适合的畜禽粪污还田技术进行应用。畜禽粪污还田技术主要包括以下几种模式。

（1）粪污全量还田模式。将养殖场产生的粪便、尿液和污水进行集中收集，利用氧化塘储存并进行无害化处理。氧化塘分为敞开式和覆膜式两类。优点：粪污收集、处理、储存设施建设成本低，处理利用费用也较低。粪便和污水全量收集，养分利用率高。缺点：粪污储存周期一般要达到半年以上，需要足够的土地建设氧化塘储存设施。施肥期较集中，需配套专业化的搅拌设备、施肥机械、农田施用管网等。粪污长距离运输费用高，只能在一定范围内使用。

（2）粪水肥料化还田模式。养殖场产生的粪水经过厌氧发酵或氧化塘无害化处理后储存。在农田施肥和灌溉期间，将无害化处理的粪水与灌溉用水按照一定的比例混合，进行水肥一体化施用。优点：污水经过厌氧发酵或氧化塘无害化处理后，为农田提供有机肥水资源，解决污水处理压力。缺点：需要有一定容积的储存设施，周边配套一定的农田面积。需配套建设粪水输送管网或购置粪水运输车辆。

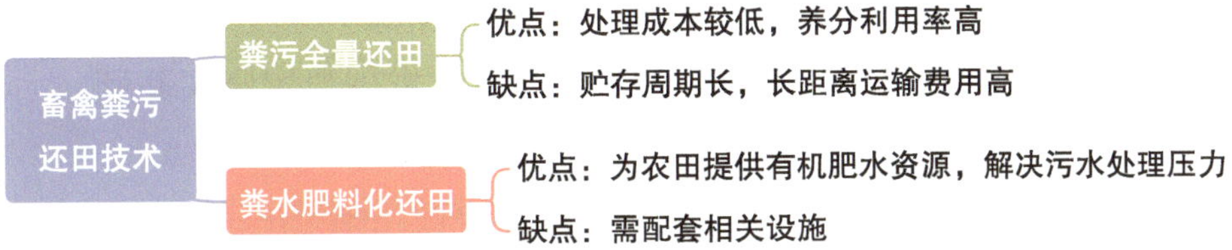

67 粪肥还田的意义有哪些？

粪肥还田在农业生产中具有深远的意义，它不仅有助于农业生产的可持续发展，还对土壤质量、作物生长以及环境保护等方面产生积极影响。主要体现在以下4个方面。

（1）养分丰富，替代化肥。畜禽粪便是农业生产中重要的有机资源。通过还田技术，将粪便转化为农田的有机肥料，实现了资源的循环利用。这不仅减少了化肥的施用量，还降低了农业生产成本，提高了经济效益。

（2）改善土壤质量。粪肥中含有丰富的有机质、氮、磷、钾等营养元素以及微生物群落。长期施用粪肥可以显著改善土壤结构，增加土壤有机质含量，提高土壤保水保肥能力，增强土壤微生物活性，从而改善土壤质量，促进作物的生长和发育。

（3）促进作物生长和增产。粪肥中的营养元素对作物生长至关重要。与化肥相比，粪肥中的养分更加全面、均衡，有利于作物的吸收和利用。因此，施用粪肥可以提高作物的产量和品质，使农产品更加绿色、健康。

（4）环保和可持续发展。通过还田技术，将粪便转化为有机肥料，减少了粪便的排放和堆积，降低了其对水体、大气和土壤的污染风险，还田过程中的生物降解作用也进一步降低了污染物的含量。此外，粪肥还田是农业可持续发展的重要途径之一。通过合理利用畜禽粪便资源，可实现农业生产的良性循环和可持续发展。这不仅有助于提高农业生产的综合效益和竞争力，还有助于保护生态环境和资源安全，为农业的长远发展奠定坚实基础。

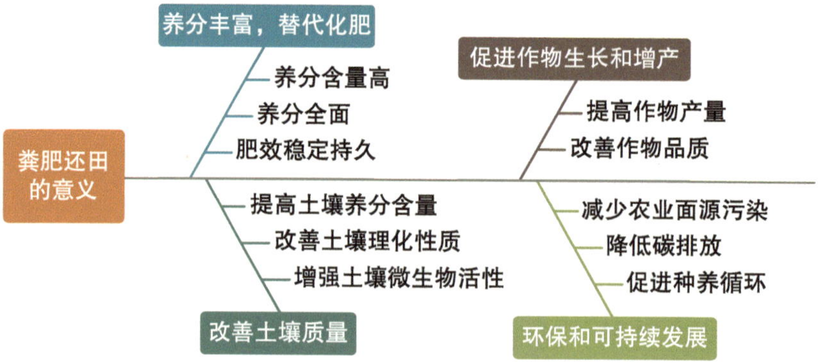

68 生物炭制备与综合利用流程有哪些？

生物炭制备与综合利用流程主要包括原料准备、炭化处理、产物处理及施用还田4个关键步骤。

（1）原料准备。①收集秸秆：收集农田、牧场、林地等产生的农作物秸秆，如稻草、麦秸、玉米秸等。②预处理：对收集到的秸秆进行预处理，包括破碎、干燥等步骤，以便后续的炭化处理。一般要求原料的含水率低于20%。

（2）炭化处理。①设备准备：准备秸秆炭化设备，如连续式炭化炉、卧式炭化炉等；这些设备能够在无氧或低氧环境下对秸秆进行加热处理。②炭化过程：将预处理后的秸秆送入炭化设备中，控制好温度和时间等参数；炭化过程是一个热解过程，秸秆在高温下分解为炭、气体和生物油等多种产物，温度通常控制在400～550℃；根据热解条件的不同，炭化过程可分为干燥、预炭化、炭化和煅烧4个阶段。

（3）产物处理。炭化完成后，需要对得到的生物炭进行冷却、筛分等处理，以便后续使用。同时，在炭化过程中产生的气体和生物油也可以进行收集和利用，如用于生产燃料、化工原料等。

（4）施用还田。①施用前准备：将处理好的生物炭进行碾磨，得到粉末状的生物炭；根据农田的实际情况和作物需求，可以将生物炭与有机肥料（如腐熟的禽畜粪、稻壳等）进行混合，制成秸秆炭有机肥。②施用方法：将生物炭或秸秆炭有机肥均匀地撒在农田土壤上，并与土壤混合；施用方法可以根据农田的实际情况和作物种类来选择，如可以在播种前将生物炭撒布在田间并进行深耕，也可以将其作为基肥或追肥施用。③施用量控制：施用生物炭时需要注意适量施用，避免施用过量导致植物根系不稳定等问题；根据土壤类型和作物种类的不同，需要确定合理的施用量和施用方案。

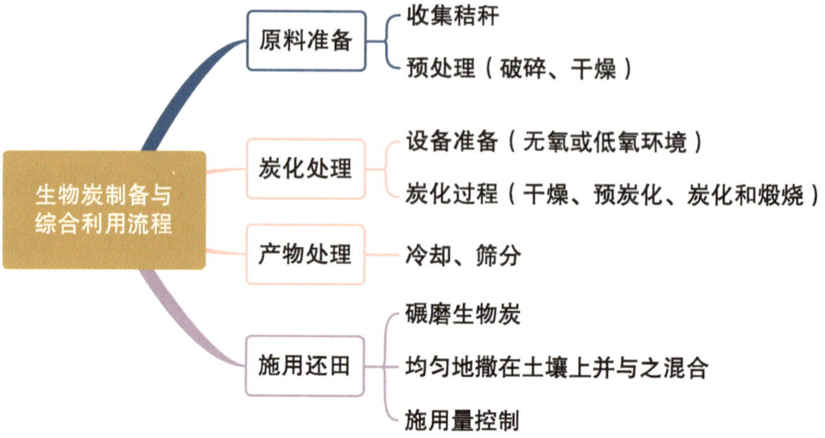

69 生物炭在土壤养用方面的作用有哪些？

生物炭在土壤养分提升和土壤改良方面的作用广泛而显著。它不仅有助于增加土壤养分含量、改良土壤酸碱度、改善土壤物理性质和提高土壤保肥能力，还能促进土壤微生物繁殖、增强土壤碳储存与固碳减排以及提高植物抗逆性。其主要作用归纳如下。

（1）土壤改良与肥力提升。①提高土壤有机质含量：生物炭富含碳元素，施入土壤后能够显著增加土壤有机碳含量，从而改善土壤结构，提高土壤肥力。②改善土壤物理性质：生物炭的孔隙结构发达，比表面积大，能够增加土壤孔隙度，改善土壤通气性和透水性，解决土壤板结问题；同时，生物炭还具有良好的保水能力，有助于节水保水。③调节土壤酸碱度：生物炭的pH值通常为8～10，呈碱性，对于酸性土壤具有中和作用，有助于解决土壤酸化问题。

（2）养分循环与肥料增效。①补充土壤养分：生物炭可以将农田土壤中紧缺的氮、磷、钾大量元素返回到土壤中，并补充作物所必需的硅、钙、镁、钠、铜、铁、锌、锰、钼等中微量元素，解决肥料中微量元素不足的问题，平衡施肥。②提高肥料利用率：生物炭对肥料和农药有很好的缓释作用，是良好的缓释肥。施入土壤后，能够大幅度提高肥料利用率，减少肥料的用量。

（3）环境修复与重金属吸附。①吸附土壤重金属：生物炭具有强大的吸附能力，能够有效吸附土壤中的重金属离子，如铅、镉等，降低作物及食品中重金属含量，保障食品安全。②改善土壤微生物环境：生物炭为土壤微生物提供良好的生存环境，有利于土壤微生物环境的修复和土壤生物多样性的提高。

（4）促进作物生长与提高产量和品质。①促进作物生长：生物炭的施用能够改善土壤环境，为作物生长提供良好的条件；同时，生物炭中的养分有助于促进作物的营养生长和生殖生长，提高作物的抗逆性（如抗旱、抗寒能力）。②提高产量和品质：通过改善土壤肥力和作物生长环境，生物炭的施用能够显著提高农作物的产量和品质。

（5）节能减排与固碳减排。①节能减排：生物炭的生产以秸秆等废弃物为原料，减少了对化石能源的依赖和温室气体的排放。②固碳减排：生物炭的施用还能够提高土壤固碳能力，实现碳的循环利用；生物炭含碳量高（50%～90%），每吨生物质炭可以固定二氧化碳2吨以上。

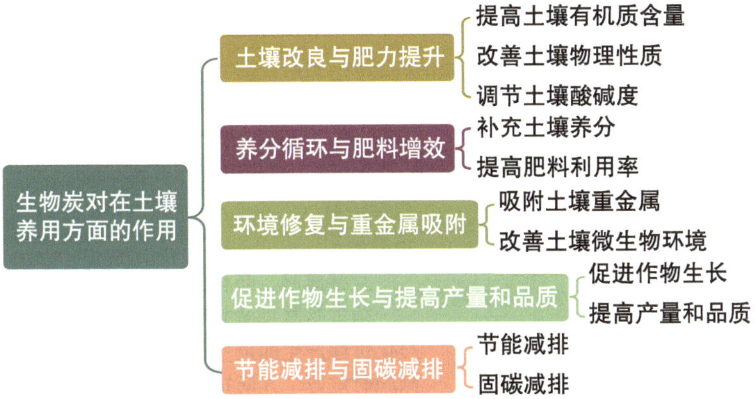

70 生物炭在土壤养用应用方面的注意事项有哪些？

生物炭土壤养用是一种将生物炭（通常由秸秆等生物质在高温缺氧条件下热解而成）施用于农田土壤中的农业技术，旨在改善土壤结构、提高土壤肥力、促进作物生长。生物炭在土壤养分和土壤改良方面的应用需要注意原料、施用量、施用方法、土壤条件以及长期效应监测等方面。通过科学合理地施用和管理，可以充分发挥生物炭在农业生产中的积极作用。以下是生物炭还田时需要注意的几个关键点。

（1）原料选择。应选择新鲜、无污染的农作物秸秆等生物质资源作为原料，避免使用含有重金属或其他有害物质的原料；同时，其氮、磷、钾、总碳等指标应符合国家或行业标准。

（2）施用量控制。根据土壤类型、作物种类和生长需求，合理确定生物炭的施用量，过量施用可能产生作物生长受阻等不良影响。

（3）施用方式与时间。可结合秋整地或春耕进行撒施。需要注意的是，生物炭虽然能够改善土壤结构和提高肥力，但并不能完全替代化肥。因此，在施用生物炭的同时，还需要根据作物需求合理施用化肥。

（4）环境与安全。在生物炭的生产和施用过程中，应采取必要的环保措施，如控制废气、废水排放等，以减少对环境的污染。同时，在生物炭的施用过程中也应注意个人防护和安全操作。

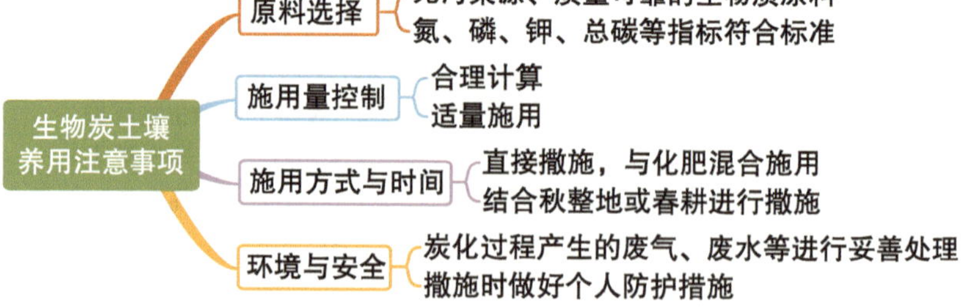

71 绿肥如何定义与分类？

绿肥是指用作肥料的绿色植物体，包括栽培的绿肥作物和野生的绿肥植物。这些植物在生长过程中通过光合作用积累养分，当其被翻压入土或覆盖在土壤表面后，经过微生物的分解作用，可以释放出大量的养分供作物吸收利用，同时改善土壤结构和生态环境。

绿肥按照不同的分类标准可以分为多种类型。①按来源分类：可分为栽培绿肥和野生绿肥。②按植物学科分类：可分为豆科绿肥（其根部有根瘤，根瘤菌有固定空气中氮素的作用）和非豆科绿肥。③按生长季节分类：可分为冬季绿肥和夏季绿肥。④按生长期分类：可分为一年生或越年生绿肥（生长期较短但生长迅速，养分含量高）、多年生绿肥（持续为土壤提供养分，改善土壤结构）和短期绿肥（生长期很短，适合在作物生长间隙或休闲地种植）。⑤按生态环境分类：可分为水生绿肥（能够净化水质，同时为水生生物提供栖息地和食物）、旱生绿肥（适应性强，为旱地作物提供养分和改良土壤）和稻底绿肥（在水稻未收前种下，能够利用水稻田的空闲时间生长，为水稻提供养分和改良土壤结构）。

- 绿肥分类
  - 按来源分类
    - 栽培绿肥（紫云英、苕子等）
    - 野生绿肥（树叶、鲜嫩灌木等）
  - 按植物学科分类
    - 豆科绿肥（紫云英、豇豆等）
    - 非豆科绿肥（油菜、肥田萝卜等）
  - 按生长季节分类
    - 冬季绿肥（紫云英、蚕豆等）
    - 夏季绿肥（田菁、柽麻等）
  - 按生长期分类
    - 一年生或越年生绿肥（柽麻、竹豆等）
    - 多年生绿肥（山毛豆、银合欢等）
    - 短期绿肥（绿豆、黄豆等）
  - 按生态环境分类
    - 水生绿肥（水芋、满江红等）
    - 旱生绿肥（肥田萝卜、二月兰等）
    - 稻底绿肥（稻底紫云英、苕子等）

72 绿肥还田的作用有哪些？

通过绿肥还田，可以减少化肥用量、提升土壤肥力、改良土壤结构、提高作物产量和品质，推动农业可持续发展等。具体见下图。

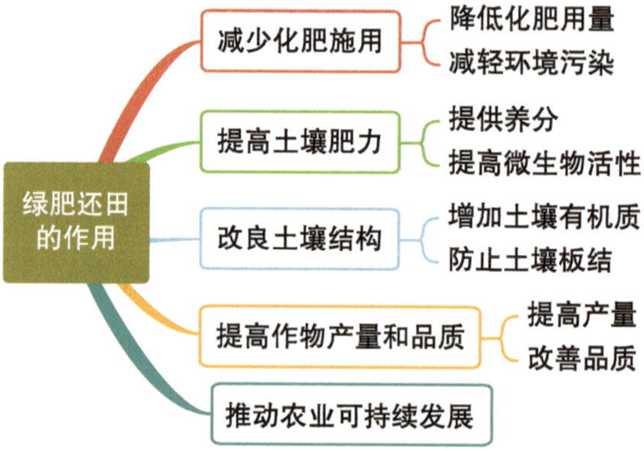

73 绿肥还田的技术要点有哪些？

绿肥还田的技术要点包括绿肥品种选择与种植管理、田间管理、收获与还田等方面。

（1）品种选择与种植管理。①品种选择：选择适应当地气候、土壤条件的绿肥品种。常见的绿肥有紫云英、苜蓿、三叶草、豌豆、蚕豆等豆科绿肥，以及玉米、油菜、向日葵等非豆科绿肥。豆科绿肥因其固氮作用，尤其适合与禾本科作物轮作或间作。②种植管理：播种前应进行晒种、选种等处理，以提高种子发芽率。根据土壤温度和湿度条件，选择合适的播种时间和方式（如撒播、条播、机播等）。播种深度一般控制在1～10厘米，确保种子与土壤充分接触。合理施肥，满足绿肥生长需求。一般每亩施用尿素10千克左右、磷酸二铵10～20千克。

（2）田间管理。①水分管理：保持田间土壤湿润，有利于绿肥生长，特别是在干旱季节，应及时灌溉补水；注意排水防涝，避免田间积水导致绿肥烂根死亡。②病虫害防治：定期检查绿肥生长情况，及时发现并防治病虫害；采用生物防治、物理防治和化学防治相结合的方法，减少农药使用量。

（3）收获与还田。①适时收获：根据绿肥生长情况和下茬作物种植计划，确定合适的收获时间，一般豆科绿肥以蕾期至盛花期收获为宜；使用农机具进行收割，确保绿肥切碎切匀。②翻压还田：将收获的绿肥切碎后均匀撒施在田内，并进行翻压，翻压深度一般控制在10～20厘米；配合施用尿素及秸秆腐熟剂等，促进绿肥腐熟分解；翻压后应及时镇压保墒，促进土壤与绿肥充分接触。

（4）配套技术与措施。①轮作与间作：推广绿肥与粮食作物轮作或间作模式，充分利用土地资源，提高土壤肥力。轮作可避免土壤养分过度消耗和病虫害积累。间作可充分利用光能和空间资源，提高作物产量。②土壤改良：绿肥还田后，可配合施用有机肥和化肥，进一步改善土壤结构和肥力。对于酸性土壤，可适量施用石灰等碱性物质进行中和调节。③技术培训与推广：加强绿肥种植和还田技术的培训和推广工作，提高农民的技术水平和种植积极性。通过示范点建设、现场观摩和技术指导等方式，推动绿肥还田技术的普及和应用。

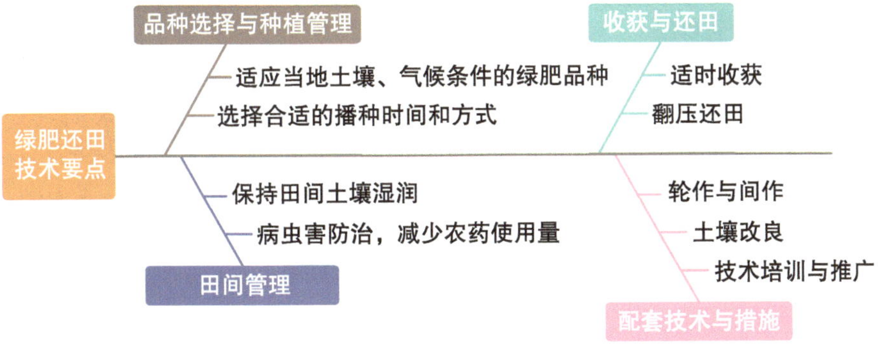

74 绿肥还田的注意事项有哪些？

绿肥还田在农业生产中是一项重要的土壤管理措施，有助于改善土壤结构、增加土壤有机质含量、提高土壤肥力等。然而，在进行绿肥还田时，也需要通过科学合理的操作和管理，才可以充分发挥绿肥在土壤改良和作物增产方面的积极作用。绿肥还田需要注意以下几个方面。

首先，应该注意绿肥品种选择与种植时机。选择适应当地气候、土壤条件和轮作制度的绿肥品种；根据绿肥的生长周期和后茬作物的种植计划，合理安排绿肥种植时间，确保绿肥生长状态达到最佳。其次，要注意绿肥田间管理与病虫害防治。根据绿肥的生长需求，进行合理的水分和养分补充；定期检查绿肥生长情况，及时发现并防治病虫害。再次，在绿肥翻压还田时，要注意翻压的时间、深度和翻压方式，并配合施用适量的氮磷肥，加速绿肥的分解。最后，在翻压后要注意镇压保墒，并定期监测土壤肥力和作物生长情况，评估绿肥还田的效果。

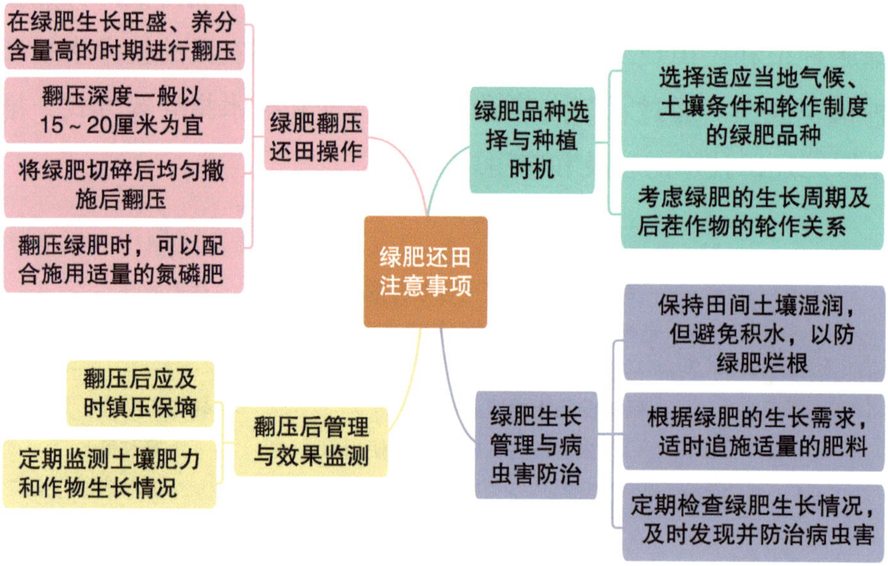

75 蚯蚓粪肥还田的作用有哪些？

蚯蚓粪肥对土壤养用具有多方面的积极作用，包括改善土壤结构、提升土壤肥力、促进作物生长、提高作物品质及保护生态环境等，具体见下图。

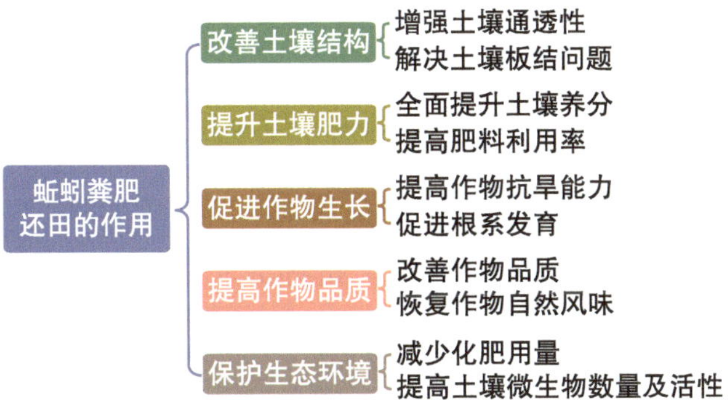

76 蚯蚓粪肥还田的技术要点有哪些？

蚯蚓粪肥作为一种优质的有机肥料，在还田过程中需要掌握一定的技术要点，以确保其肥效的充分发挥和土壤环境的持续改善。蚯蚓粪肥还田技术要点具体见下图。

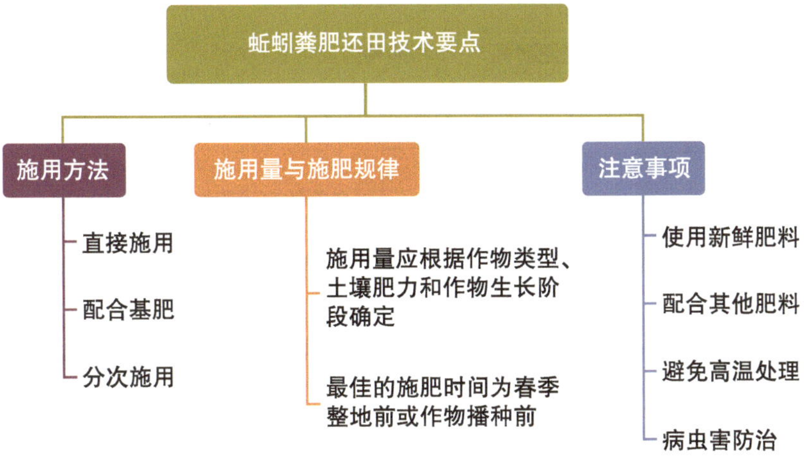

77 蚯蚓粪肥还田的注意事项有哪些？

（1）施肥量。蚯蚓粪肥虽然营养丰富，但过量施用也可能导致养分浪费或土壤盐分积累。因此，应根据土壤肥力、作物需求和蚯蚓粪肥的养分含量来确定合理的施肥量。

（2）施肥时间。蚯蚓粪肥的施用时间应根据作物生长周期和土壤条件来确定。一般来说，在作物播种前或生长初期施用较为适宜，以便为作物提供充足的营养支持。同时，也要避免在高温、干旱或雨天等不利天气条件下施肥。

（3）与其他肥料配合施用。蚯蚓粪肥可以与其他有机肥料或无机肥料配合施用，以提供更全面的养分供应。但需注意不同肥料之间的相互作用和养分平衡问题，避免产生养分拮抗或浪费现象。

（4）施肥方法。在施用蚯蚓粪肥时，应将其均匀撒施在土壤表面，并通过翻耕等方式将其与土壤充分混合。这样可以确保养分在土壤中的均匀分布，提高肥料的利用率。

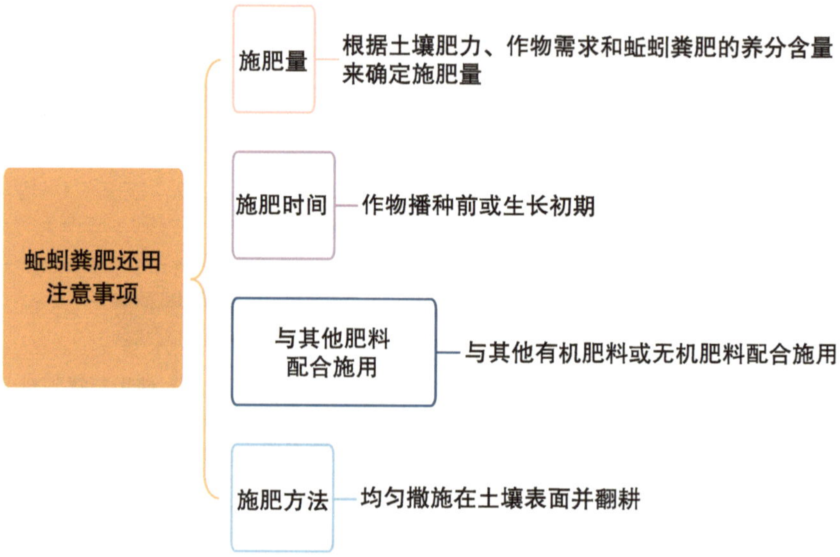

78 秸秆、动物粪便、生物炭、绿肥的腐殖化系数影响因素有哪些？

腐殖化系数是指定量加入土壤中的植物残体（以碳量计）腐解一年后的残留量（以碳量计）与原加入量的比值，它可以衡量不同植物残体对土壤有机质的贡献。

（1）秸秆是农业生产中常见的有机废弃物，其腐殖化系数受到秸秆种类、处理方式以及土壤条件等多种因素的影响。例如，水稻秸秆的腐殖化系数可能因地区和季节的不同而有所差异。一般来说，秸秆中含有大量的氮、磷、钾和微量元素，是农业生产主要的有机肥来源，通过腐解过程可以增加土壤的有机质含量。

（2）动物粪便也是重要的有机肥料来源，其腐殖化系数同样受到多种因素的影响，包括粪便的种类、处理方式、土壤条件以及分解时间等。新鲜的畜禽类粪便中含有致病菌、有机酸等抑制植物生长的毒性物质，这些毒性物质在堆肥的过程中被不断破坏，堆肥产品的腐殖化系数也会随之变化。

（3）生物炭是一种通过高温热解生物质而得到的炭质材料，具有稳定的碳结构和较高的比表面积，可以用于改善土壤结构和提高土壤肥力。然而，生物炭本身的腐殖化系数并不高，因为其包含的碳主要为稳定形态，难以被微生物进一步分解。但生物炭的添加可以促进土壤中其他有机物质的腐解和转化，从而间接影响土壤的腐殖化过程。

（4）绿肥是指利用绿色植物体直接翻压或沤、堆制而成的肥料，其腐殖化系数受到多种因素的影响，包括绿肥的种类、生长周期、土壤条件以及分解时间等。绿肥作物富含有机质和多种营养元素，通过腐解过程可以迅速增加土壤有机质含量和养分含量。但具体的腐殖化系数也需要依据实验测定。

79 什么是温室气体的源与汇？

温室气体的源是指向大气中排放温室气体、气溶胶或温室气体前体的任何过程或活动。这些源可以分为自然源和人为源两大类。

（1）自然源。①地质活动：如火山喷发、地震等地质过程会释放大量的温室气体，如二氧化碳和甲烷。②生物过程：森林、草原等自然生态系统中，植物和微生物的呼吸作用、土壤有机质的分解等都会产生温室气体。此外，海洋也是温室气体的重要自然源，特别是甲烷和氧化亚氮。

（2）人为源。①化石燃料燃烧：燃烧煤炭、石油和天然气等化石燃料是人为温室气体排放的主要来源，这些活动会产生大量的二氧化碳。②工业生产：钢铁、水泥等工业生产过程中会产生大量的温室气体排放。③农业活动：稻田甲烷排放、畜禽养殖产生的甲烷和氧化亚氮排放，以及化肥施用过程中的氧化亚氮排放等。④交通运输：汽车、飞机等交通工具的尾气排放也是温室气体的重要来源。

温室气体的汇是指从大气中清除温室气体、气溶胶或温室气体前体的任何过程、活动或机制。这些汇可以分为自然汇和人为汇两大类。

（1）自然汇。①植被吸收：地表植物通过光合作用吸收大气中的二氧化碳，并将其转化为有机物储存在体内，这是大气中二氧化碳的重要自然汇。②海洋吸收：海洋能够吸收并储存大量的二氧化碳，对减缓全球变暖具有重要作用。③土壤固定：土壤中的微生物和植物根系能够固定一部分温室气体，减少其在大气中的浓度。

（2）人为汇。①碳捕捉与储存：通过技术手段将工业排放的二氧化碳捕捉并储存到地下或海底等安全位置，以减少其在大气中的浓度。②植树造林与森林保护：通过增加森林面积和提高森林质量，增强森林对温室气体的吸收能力。

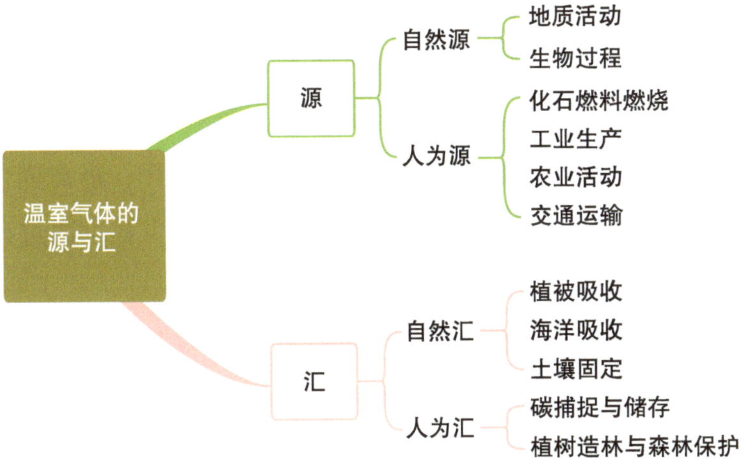

80 农田是如何产生温室气体排放的？

农田温室气体排放的途径，涉及土地利用变化、农药和化肥使用、水稻种植、农田土壤管理、农业废弃物处理等多个方面。

（1）土地利用变化。当森林、草地等自然生态系统被转变为农田时，植被和土壤中的有机质会分解，释放大量二氧化碳。这种土地利用变化是全球二氧化碳排放的重要来源之一。

（2）农药和化肥使用。某些农药含有氟利昂等温室气体成分，使用这些农药可能导致温室气体的排放。氮肥的施用是农田氧化亚氮排放的主要来源。氮肥在土壤中转化为亚硝酸盐和硝酸盐，会产生氧化亚氮气体。据统计，氮肥施用带来的温室气体排放量绝对值在过去几十年中显著增加。

（3）水稻种植。水稻田中存在缺氧环境，有利于甲烷的产生。甲烷主要由水稻根部附近的微生物代谢产生，并通过水稻的通气组织或冒泡作用排放到大气中。

（4）农田土壤管理。农田土壤中的植物根系、土壤微生物和土壤动物在呼吸过程中会释放二氧化碳。这是农田生态系统中二氧化碳排放的重要组成部分。秸秆还田也会增加稻田中甲烷的排放量。

（5）农业废弃物处理。农业废弃物（如秸秆、畜禽粪便等）在厌氧条件下分解时会产生甲烷；而在有氧条件下，通过硝化和反硝化过程会产生氧化亚氮。

（6）其他因素。农业机械（如拖拉机、收割机等）的使用依赖化石能源，其燃烧过程中会产生二氧化碳。农田灌溉和排水过程也会导致温室气体排放。

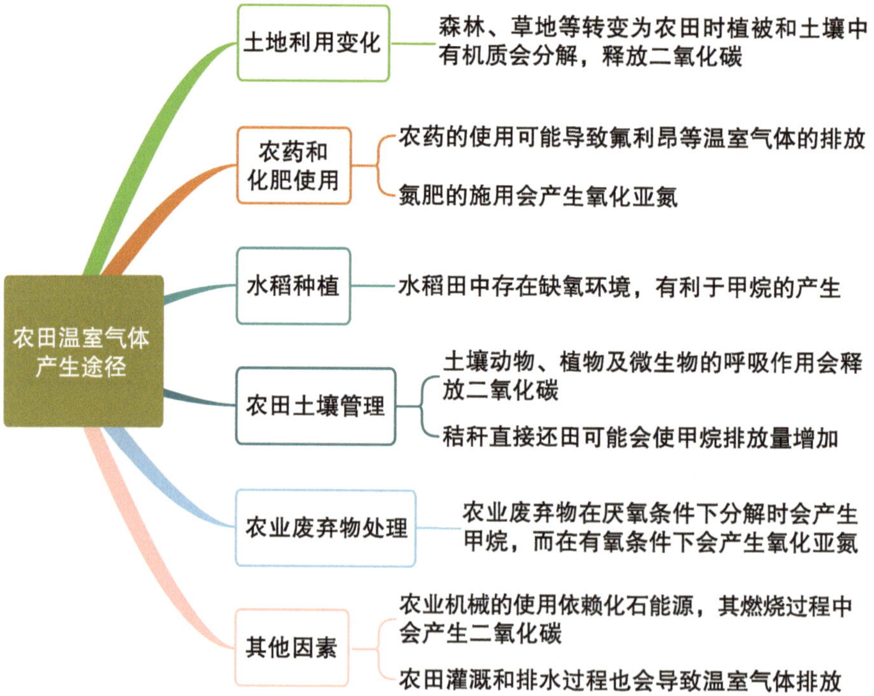

81 如何使农业成为碳汇？

发挥农业碳汇功能，是推进农业碳汇价值实现、提升生态产品价值、探索实现“绿水青山就是金山银山”的路径。随着全社会对生态价值认识的不断深入，全国各地对于农业碳汇价值实现的探索将不断发展。要使农业成为碳汇，可以通过多种途径和措施来实现，具体包括以下方法和策略。

（1）改善农业管理措施。①优化稻田管理。改进稻田灌溉管理，降低稻田甲烷排放。例如，采用间歇灌溉、湿润灌溉等节水灌溉技术，减少稻田处于淹水状态的时间，从而降低甲烷排放。推广优良水稻品种，提高氮肥利用效率，减少氧化亚氮排放。②推广精准农业。在农业生产中推广精准施肥、精准灌溉等精准农业技术，减少化肥和农药的过量使用，降低温室气体排放。

（2）改变土地利用方式。①植树造林与森林保护。通过植树造林与加强森林保护，增强森林对二氧化碳的吸收及碳汇的稳定性。②农田固碳扩容。实施保护性耕作、秸秆还田、有机肥施用、绿肥种植等措施，提升农田土壤有机质含量，增强土壤固碳能力；加强高标准农田建设，加快退化耕地治理，提升农田整体碳汇功能。

（3）育种技术创新。①培育低碳作物品种。通过育种技术创新，培育出具有更高光合效率、更低呼吸速率的作物品种，提高作物固碳能力。②推广耐盐碱、抗旱等抗逆性强的作物品种，减少因环境胁迫导致的作物减产和温室气体排放。

（4）发展生态农业和循环农业。①推广生态农业模式。发展稻渔综合种养、大水面生态渔业、多营养层次综合养殖等生态健康养殖模式，减少甲烷排放并增加渔业碳汇潜力；实施轮作休耕制度，保持土壤肥力并减少温室气体排放。②推动农业废弃物资源化利用。提高农业废弃物（如秸秆、畜禽粪便等）的资源化利用水平，通过堆肥、厌氧发酵等方式将废弃物转化为有机肥料或生物能源，减少温室气体排放并增加碳汇。

（5）政策激励与市场机制。①政策激励。政府应出台相关政策措施，对农业碳汇项目实施财政补贴、税收优惠等激励措施，鼓励农民和农业企业积极参与农业碳汇项目。建立农业碳汇补偿机制，对提供碳汇的农民和农业企业给予经济补偿。②市场机制。发展农业碳汇交易市场，允许农业碳汇项目产生的碳汇量进入市场进行交易，通过市场机制激励农民和农业企业增加碳汇生产。推动碳标签制度在农产品中的应用，提高消费者对低碳农产品的认知度和接受度，促进低碳农产品的生产和消费。

（6）科技支撑与人才培养。①加强科技支撑。加大农业碳汇领域的科技研发投入，推动农业碳汇技术的创新和应用。加强农业碳汇监测体系建设，提高农业碳汇数据的准确性和可靠性。②加强人才培养。加强农业碳汇领域的人才培养工作，培养一批具有专业知识和技能的农业碳汇管理和技术人才。

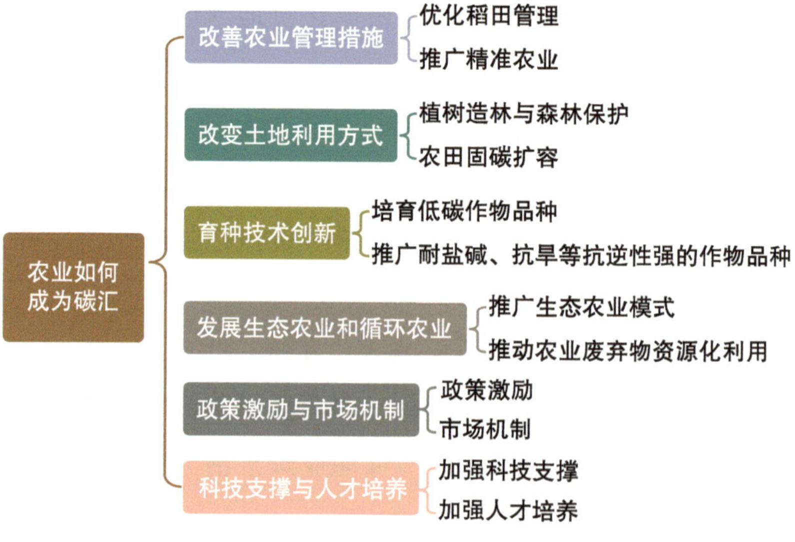

82 农业固碳减排措施有哪些？

农业固碳减排是指通过农业技术和管理措施，将大气中的二氧化碳等温室气体固定在土壤或植物体中，以减少这些气体向大气中的排放，同时降低农业生产过程中的温室气体排放量。主要措施如下。

（1）土壤固碳。①保护性耕作：利用秸秆地表覆盖、少免耕播种等技术，减少土壤扰动，降低土壤侵蚀，促进蓄水保墒，提高土壤有机碳含量。②秸秆还田：通过秸秆粉碎抛撒、机械还田等方式，将秸秆中的碳保留在土壤中，增加土壤有机质含量。③有机肥施用：增加有机肥施用量，替代部分化肥，在提高土壤肥力的同时，也增加了土壤中的有机碳含量。

（2）作物固碳。①种植固碳作物：选择固碳能力强的作物品种进行种植，如某些林木、牧草等，它们通过光合作用能够大量吸收二氧化碳并储存在植物体内。②优化种植结构：合理调整作物种植结构，增加固碳作物的种植面积，提高农田整体固碳能力。

（3）农业减排。①减少化肥和农药使用：通过精准施肥、生物防治等措施，减少化肥和农药的使用，降低温室气体排放。②改进畜禽养殖管理：采用科学的饲养管理方式，减少畜禽粪便的甲烷排放，同时提高畜禽粪便的资源化利用水平。③推广节水灌溉技术：采用滴灌、喷灌等节水灌溉技术，减少灌溉过程中的能源消耗和温室气体排放。

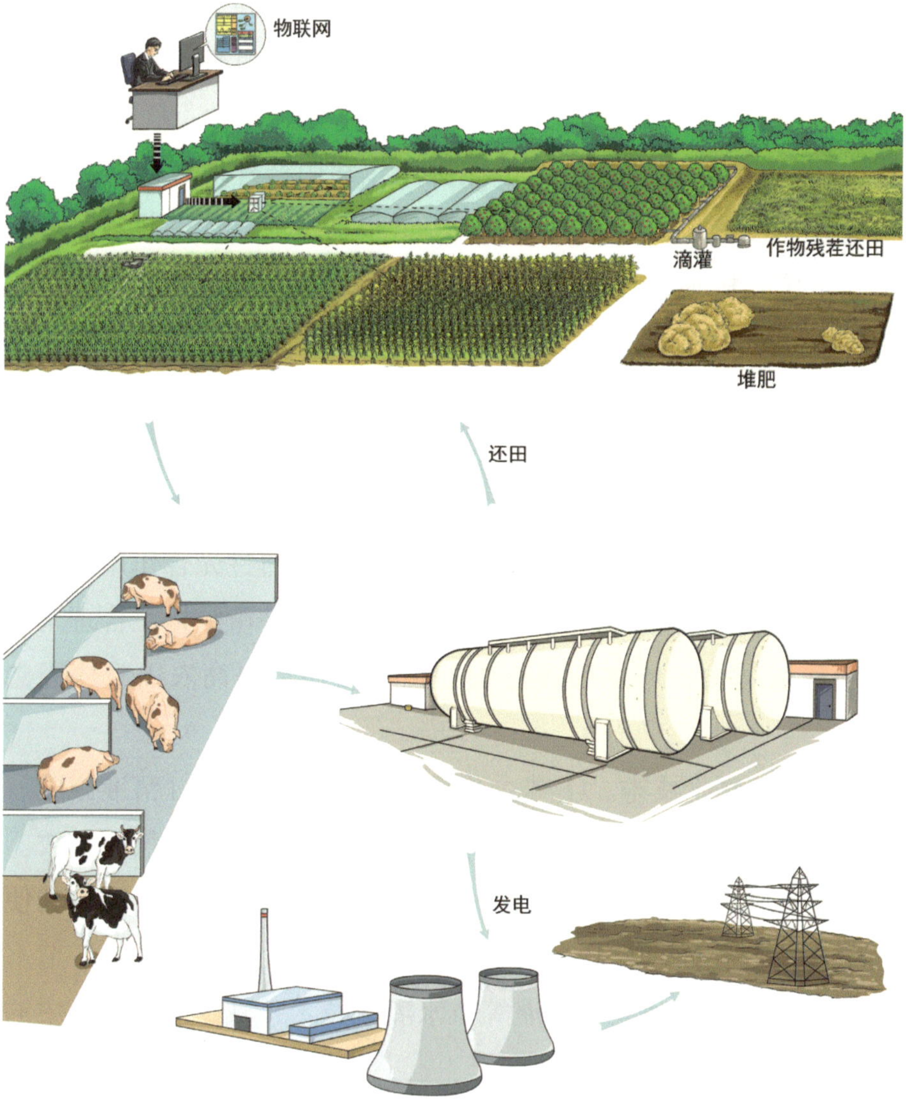
物联网
滴灌
作物残茬还田
堆肥
还田
发电

83 有哪些可供选择的农业绿色防控投入品？

农业绿色防控投入品是指在农业生产中，为了减少化学农药的使用、保护生态环境、提高农产品质量而采用的生物、物理、农业措施等所需的投入品，主要包括如下种类。

（1）生物农药及复配剂。指利用生物活体或其代谢产物对病、虫、草、鼠等有害生物进行防治的一类农药制剂，包括微生物农药、植物源农药、其他生物农药等。

（2）天敌产品。指利用自然界中存在的天敌，如昆虫、蜘蛛、螨类、鸟类、捕食性鱼类等，来防治害虫的产品。

（3）物理防控产品。指利用物理原理或机械装置来防治病虫害的产品，如太阳能杀虫灯、防虫网等。

（4）农业防治技术。包括土壤改良、清洁田园等。

在实际应用中，应根据作物种类、防治对象、环境条件等因素综合考虑，选择合适的绿色防控投入品和措施，以实现农业生产的可持续发展。另外，还要利用病虫监测预警技术、虫情监测系统、卫星遥感数据等，做好重大病虫害的精准预测与监测。

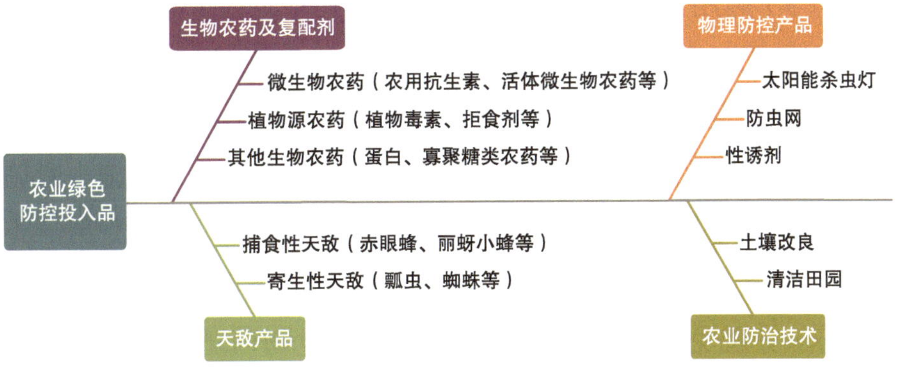

84 微生物菌肥施用有哪些注意事项？

微生物菌肥是指一类含有活微生物的特定制品，应用于农业生产中，兼具“养分供应、生长调节、病虫害防控”三重功效。微生物菌肥的施用需要注意以下几个方面，以确保其效果得到充分发挥，同时避免对土壤和作物造成不良影响。

（1）产品选择与质量。①产品选择：选择适合本地土壤和作物类型的微生物产品。确保产品来源于可靠的生产商，并检查其生产资质和产品质量认证。②活菌数量：微生物菌肥的活菌数量应符合国家相关标准。

（2）施用条件。①土壤条件：微生物菌肥对土壤条件要求较为严格，一般适宜在土壤温度为18～25℃、相对湿度为60%左右的环境下施用。土壤温度过低或过高都会影响微生物的活性。避免在过分干旱或长期积水的土壤中施用，以免影响微生物的生存和繁殖。②施肥时期：微生物菌肥施入土壤后，微生物需要一个适应、生长、供养、繁殖的过程，一般在15天后可发挥作用。施用时间以晴天清晨和傍晚或阴天为宜，避免阳光中的紫外线将微生物杀死。

（3）施用方法。①混合施用：微生物菌肥尽量与经过充分腐熟的有机肥料混合施用，避免与未腐熟的农家肥混用，因为未腐熟的农家肥发酵产生的高温会杀死微生物。微生物菌肥应避免与过酸、过碱的肥料混合施用。②施用方式：建议采用沟施、穴施等方式将微生物菌肥施入土壤，并覆盖土壤以避免阳光直射。不建议冲施微生物菌肥，因为加水稀释会影响其施用效果。

（4）避免与有害物质同时施用。微生物菌肥应避免与农药（特别是杀菌剂、杀虫剂和除草剂）同时施用。如果需要使用农药，应在施用微生物菌肥前后一段时间（如48小时）进行。另外，还要避免与可能对微生物产生不利影响的含硫化肥（如硫酸钾）和草木灰等混合施用。

（5）储存与保质期。①储存条件：微生物菌肥应避免开袋后长期不施用，要注意密封储存以免菌种流失。②保质期：注意产品的保质期，拆包后要及时施用，避免因长时间存放导致微生物活性降低或失效。

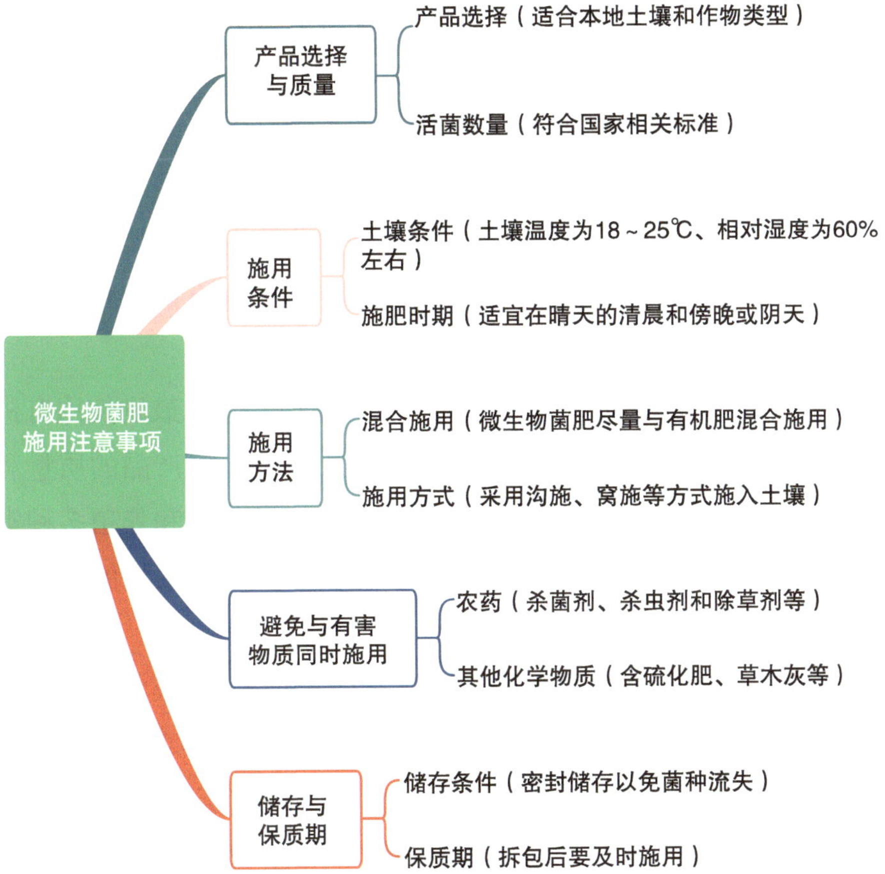

85 什么是生态循环农业全程解决方案？

生态循环农业全程解决方案是一个综合性的策略，旨在通过运用可持续发展思想和循环经济理论与生态工程学方法，结合生态学、生态经济学、生态技术学原理及其基本规律，来实现农业的绿色、高效、可持续发展。这一解决方案涵盖了从农业生产、加工到废弃物处理等多个环节，旨在形成一个闭环的生态系统，实现资源的最大化利用和废弃物的最小化排放。具体来说，生态循环农业全程解决方案包括以下6个方面。

（1）农业资源的高效循环利用。①资源节约：通过优化种植和养殖结构，减少化肥、农药和水的使用，提高资源利用效率。②废弃物资源化利用：将农业生产过程中产生的废弃物（如畜禽粪便、农作物秸秆等）进行资源化利用，转化为有机肥料、生物能源等。

（2）农业生产方式的转变。①推广有机农业：鼓励使用有机肥料和生物农药，减少化学投入品的使用，提高农产品的质量和安全性。②发展生态农业：通过种植多样化的作物和养殖多种类的畜禽，构建生态平衡的农业系统，提高农业生态系统的稳定性和抗干扰能力。

（3）农业废弃物的处理与利用。①废弃物分类收集：对农业生产过程中产生的废弃物进行分类收集，便于后续处理和利用。②沼气发电：利用畜禽粪便等有机废弃物进行厌氧发酵产生沼气，用于发电或供热。③堆肥化处理：将农作物秸秆、畜禽粪便等废弃物进行堆肥化处理，制成有机肥料，回归农田。

（4）农业产业链的延伸与整合。①农产品加工：对农产品进行深加工，提高农产品的附加值和市场竞争力。②农业服务业发展：发展农业旅游、农业教育等服务业，拓展农业产业链，增加农民收入。

（5）科技支撑与政策支持。①科技创新：加强农业科技创新，研发高效、环保的农业技术和装备，提高农业生产的科技含量。②政策扶持：制定和完善相关政策，对生态循环农业给予财政补贴、税收减免等优惠政策，鼓励农民和企业积极参与生态循环农业建设。

（6）生态环境保护与修复。①水土保持：通过植树造林、退耕还林等措施，防止水土流失。②生物多样性保护：保护农业生态系统中的生物多样性，维护生态平衡。

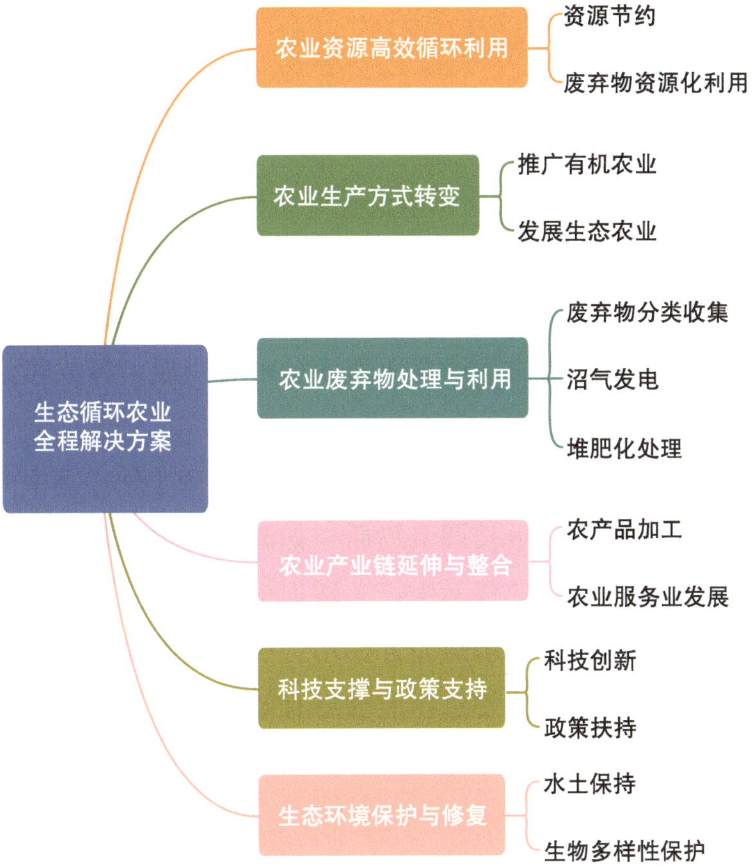

86 生态循环农业产品的核心技术有哪些？

生态循环农业产品核心技术的综合应用和推广，将有力推动生态循环农业的发展，实现农业生产的可持续发展和生态环境的保护。其核心技术见下图。

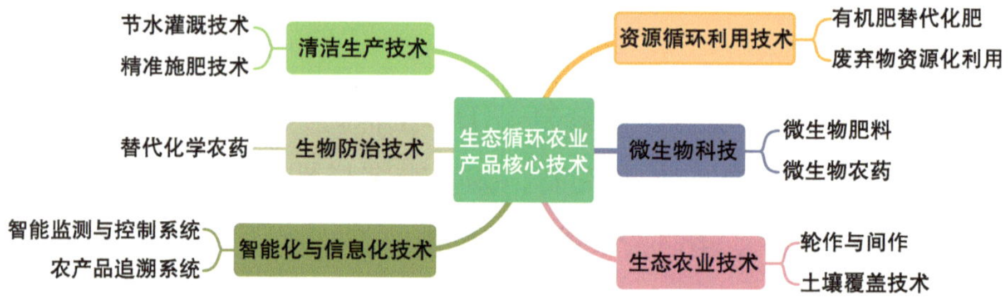

87 微生物产品如何提质增产？

（1）改善土壤环境。①改良土壤结构：微生物产品中的有益微生物能够产生糖类物质，与植物黏液、矿物和有机胶体结合，改善土壤结构，增强土壤的物理性能，减少土壤颗粒的损失。②提高土壤肥力：有益微生物在土壤中分解有机质，释放养分，提高土壤肥力，为植物提供丰富的营养来源。

（2）促进植物生长。①促进根系生长：微生物产品中的微生物能够产生多种植物生长调节物质，如激素类物质和有机酸，这些物质能够促进植物的根系生长，增加根系吸收面积，提高植物对养分的吸收能力。②增强光合作用：一些微生物菌剂能够提高植物的光合作用效率，使植物能够更有效地利用光能进行物质合成，促进植物生长发育。

（3）增强植物抗病性、抗逆性。①提高抗病性：微生物产品中的有益微生物能够抑制土壤中有害微生物的繁殖，减少病害的发生。同时，一些微生物还能促进植物体内抗病相关物质的合成，提高植物的抗病性。②增强抗逆性：在干旱、盐碱等逆境条件下，微生物产品能够通过改善土壤环境、提高植物吸水能力等方式，增强植物的抗逆性，保障植物的正常生长。

（4）减少病虫害。①生物防治：利用微生物产品中的有益微生物进行生物防治，可以有效减少化学农药的使用量，降低农药残留，保护生态环境。②营养竞争：有益微生物在土壤中与有害微生物进行营养竞争，抑制有害微生物的生长和繁殖，从而减少病虫害的发生。

88 微生物菌剂如何使土壤恢复健康?

（1）微生物菌是土壤“造就师”。微生物通过代谢过程中氧气和二氧化碳的交换以及分泌的有机酸等酸性物质，促进土壤中微量元素的释放及螯合，有效打破土壤板结，促进团粒结构的形成，并改善土壤的通气状况，促进有机质、腐殖酸和腐殖质的生成。

（2）微生物菌是土壤“养分转化师”。微生物在土壤物质和能量的输入输出中扮演着非常重要的角色，是物质循环链上的重要环节。它能够活化土壤有机与无机养分，分解有机物，释放养分，增加养分的有效性。

（3）微生物菌是土壤“清洁师”。微生物在其繁殖和代谢过程中，可以降解土壤中残留的化肥、有机农药、重金属和其他污染物等，通过理化反应对上述污染物质进行分解、转化、固定、转移以及新的无害化合成，把它们分解成低害甚至无害的物质，降低土壤污染的程度。

89 微生物在物质转化过程中的作用有哪些?

微生物在物质转化过程中发挥着至关重要的作用，它们通过参与各种循环过程，实现了自然界中物质的循环利用和生态平衡。同时，微生物的降解和转化能力也为环境保护和污染治理提供了重要手段。

（1）碳素循环。①光合作用：某些微生物（如藻类、蓝细菌和光合细菌）通过光合作用将大气和水体中的二氧化碳转化为有机碳化物，这些有机碳化物是生态系统中其他生物重要的能量和物质来源。②分解作用：微生物是有机物分解（矿化）的主体。

它们能够分解动植物和微生物的尸体以及排泄物等有机碳化物，将其转化为二氧化碳、水和矿物质等无机物，这些无机物又可以被绿色植物重新利用，从而完成碳素循环。

（2）氮素循环。①固氮作用：微生物（如固氮菌、蓝细菌等）能够将大气中的氮气转化为氨或其他氮化物，这些氮化物是植物和其他生物可以利用的氮源。②氨化作用：微生物能够分解有机氮化物（如蛋白质及其含氮衍生物）产生氨。③硝化作用：微生物能够将氨氧化成硝酸盐。④反硝化作用：在厌氧条件下，微生物将硝酸盐还原为气态氮（如氮气、氧化亚氮等）并释放到大气中。

（3）硫素循环。①分解作用：微生物能够降解动植物和微生物尸体中的有机硫化物，将其转化为无机硫（如硫化氢、硫酸根离子等）。②同化作用：微生物利用无机硫（如硫酸盐、硫化氢等）形成本身细胞物质的过程。③无机硫化的氧化作用：微生物能够氧化无机硫（如硫化氢、单质硫等）生成硫酸盐。④无机硫化物的还原作用：在厌氧条件下，微生物能够将硫酸盐等无机硫化物还原为硫化氢等硫化物。

（4）降解与转化有毒物质。微生物具有降解和转化有毒物质的能力。例如，它们能够降解农药、重金属等有毒物质，通过氧化、还原、水解等反应改变这些物质的化学结构，降低其毒性或使其转化为无害物质。此外，微生物还能够参与有机污染物的生物修复过程，通过降解和转化作用减少环境污染。

（5）促进生态系统平衡。微生物通过分解有机物质、释放营养元素（如氮、磷、钾等）等方式促进植物生长和提高土壤肥力；同时，它们还能够参与水体净化、空气净化等过程，减少环境污染对生态系统的影响。

90 微生物产品对恢复土壤养分平衡的意义有哪些？

微生物产品尤其是微生物菌剂，对恢复土壤养分平衡具有重要意义，有助于促进土壤养分转化与释放、改良土壤结构与通气性、降解土壤污染物、提高土壤生物多样性与生态平衡、提升作物品质与产量，促进农业可持续发展。

（1）促进土壤养分的转化与释放。①活化土壤养分：微生物能够活化土壤中的有机与无机养分，通过分解有机物释放养分，如氮、磷、钾等，增加这些养分的有效性，这对于解决化肥在土壤中长期积累、残存、得不到有效分解和转化的问题具有重要意义。②固氮作用：某些微生物如固氮菌具有固氮能力，它们能将大气中的氮气转化为氨或硝酸盐等植物可利用的氮素形态，从而增加土壤中的氮素含量。

（2）改善土壤结构与通气性。①促进团粒结构形成：微生物通过代谢过程中的氧气和二氧化碳交换，以及分泌的有机酸等酸性物质，有效改善土壤的通气状况和团粒结构，这有助于打破土壤板结，提高土壤的保水保肥能力。②增强土壤透气性：微生物的活动促进了土壤微孔结构的形成，增加了土壤的透气性，有利于植物根系的呼吸作用和对养分的吸收。

（3）降解土壤污染物。①降解残留化肥与农药：微生物能够降解土壤中残留的化肥、农药等污染物，通过理化反应对这些污染物质进行分解、转化、固定或转移，降低土壤污染程度，保护土壤生态环境。②固定重金属：一些微生物还具有吸附或固定重金属的能力，通过改变重金属在土壤中的形态，降低其生物有效性，减少其对植物的毒害作用。

（4）提高土壤生物多样性与生态平衡。①增加有益微生物数量：微生物产品的使用可以增加土壤中有益微生物的数量和种类，形成健康的土壤微生物群落，提高土壤的生物多样性和稳定性。②抑制病原菌繁殖：土壤中的生防性微生物能够分泌抗生素等抑菌物质，抑制病原菌的繁殖，减少土传病害的发生，从而保障作物的健康生长。

（5）提升作物品质与产量。①促进作物生长：微生物通过分解有机物质释放养分，为作物提供充足的营养；同时，分泌植物生长调节物质如赤霉素、细胞分裂素等，促进作物的生长和发育。②提高作物抗逆性：微生物产品还能增强作物的抗逆性，如抗旱、抗寒、抗病虫害等，使作物在不良环境条件下仍能正常生长并保持较高的产量和品质。

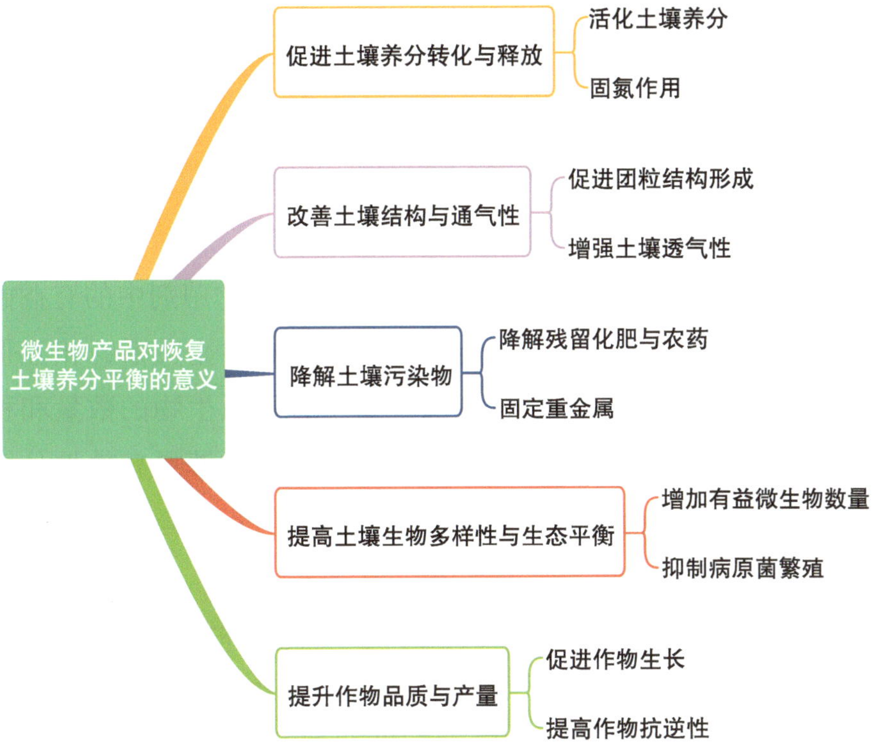

91 土壤中单独使用微生物菌剂能不能提高土壤有机质含量？

在土壤中单独使用微生物菌剂能够提高土壤有机质含量。微生物菌剂中含有多种有益微生物，这些微生物在土壤中的活动能够对土壤产生显著的影响，具体体现在以下4个方面。

（1）分解有机质。微生物菌剂中的微生物能够分解土壤中的有机质，包括动植物残体、根系分泌物、有机肥料等。这些有机质在微生物的作用下被逐步分解为小分子物质，如氨基酸、糖类等，这些物质更易于被植物吸收利用。同时，在分解过程中还会产生有机酸和酶等活性物质，这些物质能够进一步促进有机质的分解和养分的释放。

（2）促进有机质转化。微生物在分解有机质的过程中，会将部分有机质转化为腐殖质。腐殖质是土壤有机质的重要组成部分，它具有良好的保水、保肥和通气性能，对土壤结构的改善和肥力的提升具有重要作用。因此，微生物菌剂的使用可以促进土壤有机质的转化和积累。

（3）增加土壤微生物数量与活性。微生物菌剂中的有益微生物在土壤中定植后，会与土著微生物形成共生关系，相互促进生长。这种共生关系能够增加土壤中有益微生物的数量和种类，提高微生物的活性。活跃的微生物群体能够更有效地分解有机质，促进养分的释放和转化，从而进一步提高土壤有机质含量。

（4）改善土壤环境。微生物菌剂还能够改善土壤的物理和化学性质，如增加土壤的通气性、透水性、保水性和保肥能力等。这些改善有利于土壤微生物的生长和活动，进而促进有机质的分解和转化。同时，良好的土壤环境还能够减少养分的流失和固定，提高养分的利用率和有效性。

然而，单独使用微生物菌剂的具体效果会受到土壤类型、环境条件以及微生物菌剂的种类和用量等多种因素的影响。因此，在实际应用中，需要根据具体情况选择合适的微生物菌剂和使用方法，以实现最佳效果。

92 微生物肥料对作物有机化养护有哪些作用？

微生物肥料在农业生产中具有多方面的作用和功效，不仅有利于提高农作物的产量和品质、增强作物抗逆性，还能促进土壤健康、降低化肥农药使用量，改善生态环境，实现农业的可持续发展。随着社会对绿色、健康生产方式的需求不断增加，微生物产品势必将在农业领域发挥更为重要的作用，成为推动农业转型升级的重要力量。

（1）促进作物生长。①促进根系发育：微生物肥料中的有益微生物能够分泌植物生长激素等物质，刺激作物根系的生长和发育，使根系更加发达，吸收水分和养分的能力增强。②提高养分吸收效率：微生物肥料中的微生物能够与作物根系形成共生关系，通过其菌丝网络帮助作物根系吸收更远距离的养分和水分，提高养分的吸收效率。

（2）改善土壤环境。①活化土壤养分：微生物肥料中的有益微生物能够分解土壤中原来被化合固定而不能被作物直接吸收的磷、钾等养分，使其转化为植物可吸收利用的形态，从而增加土壤养分的有效性；同时，这些微生物还能促进土壤中有机质的分解，提高土壤肥力。②改良土壤结构：微生物在生长繁殖过程中会产生大量的胞外多糖等有机物质，这些物质有助于土壤团粒结构的形成，增加土壤孔隙度，改善土壤通气性和保水性，减少土壤板结，使土壤更加疏松透气。

（3）增强作物适应性。①提高抗病性：一些微生物肥料中的有益微生物能够分泌抗生素等抑菌物质，抑制土壤中病原菌的生长和繁殖，减少作物病害的发生；同时，这些微生物还能与作物根系形成共生关系，提高作物的抗病能力。②增强抗逆性：微生物肥料中的有机质和腐殖酸等物质能够调节作物气孔的开放度，提高作物的抗旱、抗寒等抗逆性能力。此外，微生物在生长繁殖过程中还会产生一些对作物生长有益的代谢产物（如酶等），这些物质与有益微生物的代谢产物协同作用，能够进一步提高作物的抗逆性。

（4）提高作物品质。①增加有效营养成分：微生物肥料能够增加农产品中的有效营养成分，如面粉中的面筋含量、大豆中的油脂和蛋白质含量、蔬菜瓜果中的维生素和糖含量等，从而提高作物的营养价值和商品性。②改善外观品质：施用微生物肥料后，作物的外观品质也会得到改善，如叶片更加浓绿、果实更加饱满等，使产品更具吸引力。

93 为什么修复土壤要让微生物到达植物的根系？

（1）促进植物根系分泌。植物根系会分泌多种有机物，这些有机物可以作为微生物的营养来源。微生物利用这些根系分泌物进行生长和繁殖，从而在植物根系周围形成一个丰富的微生物群落。

（2）增强营养循环和能量流动。微生物在分解根系分泌物的过程中，会将有机物质转化为植物可吸收的营养元素，如氮、磷等。这样，微生物不仅促进了土壤中的物质循环，还为植物提供了易于吸收的营养。

（3）改善土壤结构。微生物的活动有助于改善土壤的物理结构，增加土壤的通气性和保水性。这对植物根系的生长和发育至关重要。

（4）提高生物防治与土壤健康。一些微生物能够产生抗生素类物质，对土壤中的病原菌具有抑制作用，从而保护植物免受病害的侵袭。此外，微生物的多样性也是土壤健康的重要标志之一。

（5）促进植物生长。通过与植物根系的相互作用，微生物可以帮助植物更好地吸收水分和养分，从而促进植物的生长和发育。

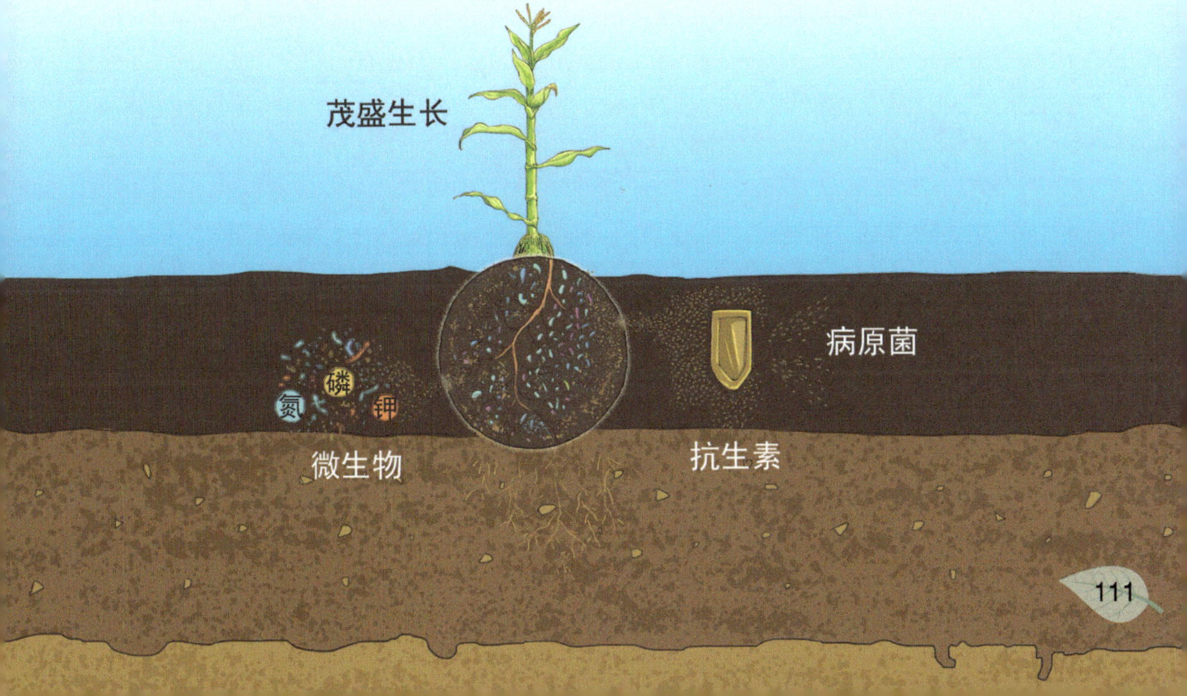

第三部分

应用篇

94 中低产田增产稳产的3个主要途径是什么？

中低产田增产稳产的3个主要途径是土壤改良与肥力提升、种植结构调整与品种优化、节水与保墒技术。

（1）土壤改良与肥力提升。①土壤改良：通过开沟排水、修筑梯田、平整土地等措施，改善土壤的水利条件，减少水土流失，提高土壤保水保肥能力。应用化学改良剂如石灰、粉煤灰等，调整土壤酸碱度，降低土壤容重，增强土壤通透性。同时，采用深耕深翻等物理方法，打破犁底层，加厚活土层，挖掘利用土壤深层水，促进作物根系发育和水分吸收。②肥力提升：通过广开肥源，实行堆沤肥、秸秆肥、畜粪肥、土杂肥共用，以及粮肥轮作、粮豆轮作等方式，增加土壤有机质含量，改善土壤结构，提高土壤肥力。根据土壤养分状况和作物需求，合理施用氮、磷、钾肥及微量元素肥料。

（2）种植结构调整与品种优化。①种植结构调整：根据土壤条件和市场需求，调整作物种植结构，增加养地作物和经济效益高的作物种植比例。例如，在砂土区可种植花生、马铃薯等耐砂耐瘠作物；在壤土区可种植豆类、高粱等养地耐瘠作物。②品种优化：选用适应性强、抗逆性好、产量高、品质优的作物品种进行种植。对于低产旱薄地，应选用抗旱耐瘠的作物品种；对于土壤条件较好的中产旱地，可选用抗旱耐肥的作物品种。

（3）节水与保墒技术。①节水技术：推广节水灌溉技术，如滴灌、喷灌、微喷灌等，提高水资源利用效率。对于季节性水源充沛而缺乏灌溉条件的地方，可结合地形特点修筑旱井、旱窖等集水工程，并配套节水补灌设施。②保墒技术：推广蓄水保墒、地膜覆盖、秸秆覆盖还田等旱作农业技术，减少土壤水分蒸发，提高土壤保水能力。

95 黏土的特性及养护方法有哪些？

黏土是含砂粒很少、有黏性的土壤，水分不容易从中通过，具有较好的可塑性。一般的黏土都由硅酸盐矿物在地球表面风化后形成，在原地风化、颗粒较大而成分接近原来石块的，称为原生黏土或者是一次黏土。

黏土主要有以下5个特性。①保肥、保水性能好。黏土颗粒细小、比表面积大，能够吸附并保存大量的水分和养分，使得土壤中的养分不易流失。②养分转化慢。黏土中的矿质养分含量较多，但由于其通气性较差，有机质的分解和养分的转化速度相对较慢。③通透性差。黏土颗粒间的细孔隙多，粗孔隙少，导致土壤的通气性和透水性较差，影响作物根系的呼吸和养分的吸收。④土壤温度变化慢、温差小。黏土的保水性强，土壤中水分多、气少，使得土壤温度变化较为缓慢，温差较小。⑤耕性不良。黏土在耕作时阻力大，能耗大，且耕后质量不易保持。这可能导致作物出苗参差不齐，甚至出现缺苗断垄的现象。

针对以上特性，黏土主要养护方法见下图。

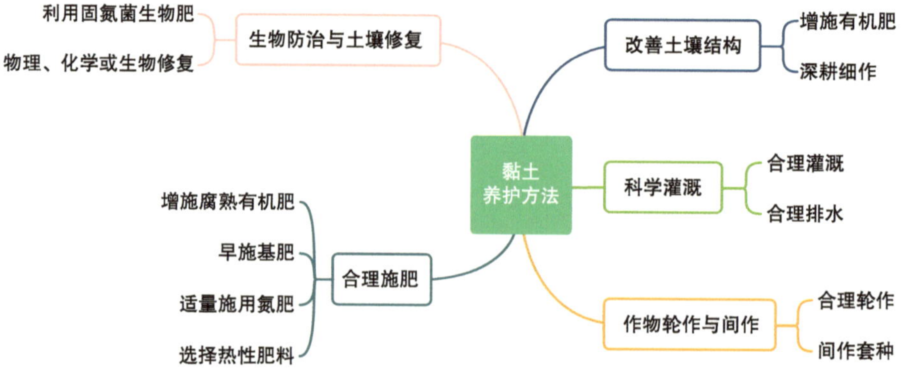

96 砂质土壤的特性及养护方法有哪些？

砂质土壤是指含砂量多、颗粒粗糙、渗水速度快、保水性能差、通气性能良好的土壤。

砂质土壤主要有以下6个特性。①颗粒粗糙，砂粒含量高。砂质土壤主要由砂粒组成，颗粒较大、比表面积小，这使得土壤通气透水性好，但保水保肥性能差。②渗水速度快，保水性能差。由于土壤颗粒间孔隙大，雨水或灌溉水容易迅速下渗，导致土壤水分容易流失，抗旱能力差。③通气性能好。大孔隙多，氧气充足，有利于好氧微生物的活动，但也可能导致土壤有机质分解过快，养分流失。④保肥能力差。砂质土壤缺乏黏粒和有机质胶体，对养分的吸附和保持能力弱，雨后容易造成水肥流失。⑤土壤温度变化快。砂质土壤热容量小，昼夜温差大，土壤温度变化快，对喜温作物有利，但也可能导致晚秋霜冻等问题。⑥耕性好，宜耕期长。砂质土壤耕后土壤松散、平整，无坷垃或土垡，耕作阻力小，宜耕期长。

针对以上特性，砂质土壤主要养护方法如下。

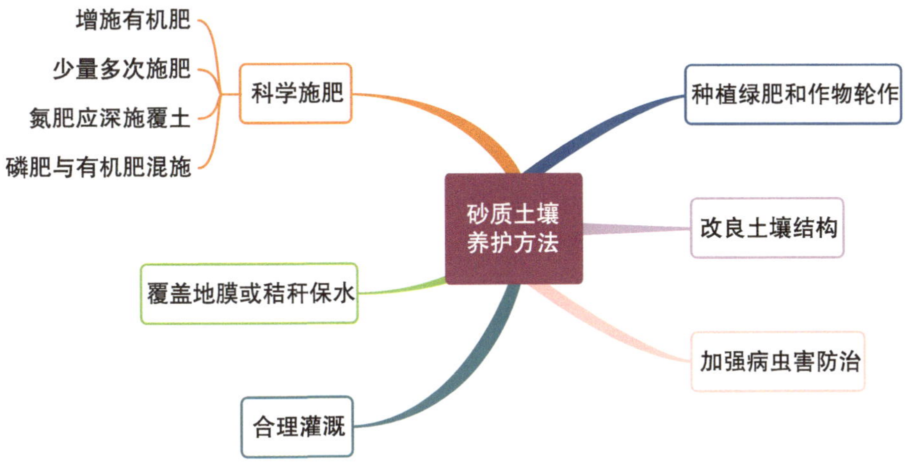

97 黑土的特性及养护方法有哪些？

黑土是指以黑色或暗黑色腐殖质为优势地表组成物质的土壤，由于富含有机质呈黑色而得名，也是具有强烈胀缩和扰动特性的黏质土壤。

黑土主要有以下4个特性。①地理分布与形成条件：黑土主要分布在气候冷凉、降水适中且排水不畅的地区。黑土的形成需要经历腐殖质累积、分解、淋溶、淀积等一系列复杂过程，通常需要数百年甚至数万年的时间。我国黑土地集中分布在东北地区，是全球四大黑土区之一。②颜色与腐殖质层：黑土以其纯黑色或暗黑色的腐殖质表土层为显著特征，这是因为其富含有机质。黑土腐殖质层深厚，一般可达30～70厘米，甚至达到100厘米，为植物生长提供了丰富的养分。③高肥力与保肥能力：黑土的自然肥力高，有机质含量丰富，通常为10%～39%。这种高肥力使得黑土成为非常适合农业耕作的土壤，能够支持水稻、小麦、玉米、大豆等多种农作物的生长。同时，黑土的保肥能力也很强，有助于减少养分的流失。④土壤结构与通气性：黑土的土壤结构性良好，多为粒状及团块状结构，土层疏松多孔。然而，其通气性相对较差，通气孔隙在耕作层只有10%～20%，耕层以下更少，这可能会影响植物根系的呼吸作用。

针对以上特性，黑土主要养护方法如下。

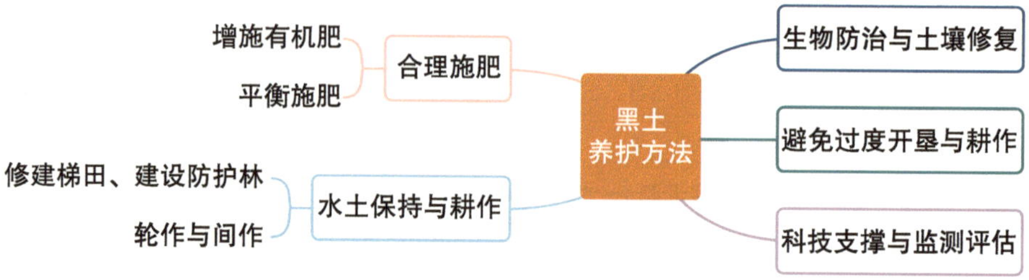

98 红壤的特性及养护方法有哪些？

红壤是中亚热带生物气候旺盛的生物富集和脱硅富铁铝化风化过程相互作用的产物。一般红壤中四配位和六配位的金属化合物较多，包括铁化合物及铝化合物，其中红壤铁化合物主要有褐铁矿、赤铁矿等。

红壤主要有以下3个特性。①颜色与成分：红壤的颜色呈红棕色或红褐色，这主要是因为其富含铁、铝氧化物，如赤铁矿和褐铁矿。②物理性质：红壤的土质黏重，颗粒结构较为紧密，这使得其水肥难以渗透，但保水保肥能力较好。同时，红壤的压缩性较低，但密度相对较低，含水量较高。③化学性质：红壤的酸性强，pH值一般为5～6，这是由于其富含铁、铝等氧化物，并且缺乏碱金属元素；红壤有机质含量少，养分贫乏，特别是氮、磷、钾等必需营养元素较为缺乏。

针对以上特性，红壤主要养护方法如下。

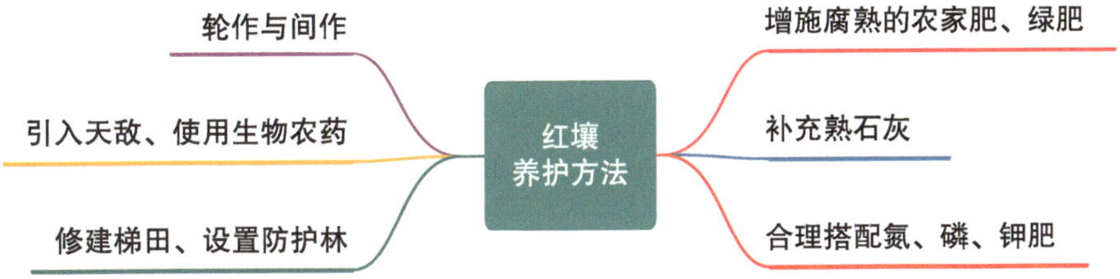

99 紫色土的特性及养护方法有哪些？

紫色土是由侏罗纪、白垩纪紫色砂岩、泥岩时代形成的紫色或紫红色砂岩、页岩岩层上发育而成的土壤。

紫色土主要有以下4个特性。①地理分布：紫色土是中国南方的重要旱作土壤之一，主要集中分布在四川盆地，同时在云南、江西、浙江、福建、江苏等南方地区也有分布。②物理性质：紫色土土层浅薄，通常不到50厘米，超过1米者甚少；土壤母岩松脆，易于风化分解，但也因此易于被侵蚀。紫色土颗粒较粗，通气透水性好，但保水保肥能力差。③化学性质：紫色土一般含碳酸钙，呈中性或微碱性反应（pH值7.5~8.5）；有机质含量较低（约1.0%），全氮含量一般也不高，但富含磷、钾等矿质养分，肥力较高。④肥力与利用：尽管紫色土有机质含量不高，但其矿质养分丰富，肥力较高，适合农业生产。在四川盆地的丘陵地区中，紫色土属于较肥沃土壤，具有较高的农业利用价值。

针对以上特性，紫色土主要养护方法如下。

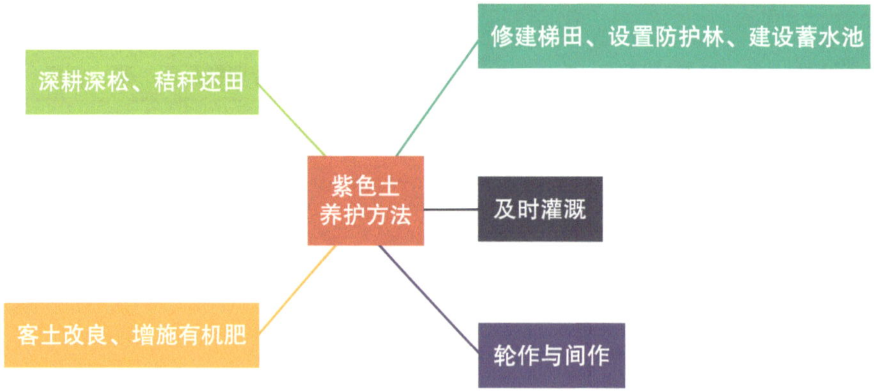

100 碱性钙质土的特性及养护方法有哪些？

碱性钙质土是一种富含钙元素且pH值较高的土壤类型。由于土壤中盐分含量较高，可能会对植物的生长发育构成挑战。

碱性钙质土主要有以下4个特性。①分布区域：碱性钙质土通常分布在干旱气候和半干旱气候的地区，如我国的新疆、甘肃、内蒙古等地。这些地区的气候条件往往导致土壤中的水分蒸发快，盐分易积累，从而形成碱性钙质土。②pH值：碱性钙质土的pH值通常较高，一般为7.5～8.5，甚至更高。高pH值意味着土壤中的氢离子浓度低，而碱性离子（如氢氧根离子）浓度高。③元素含量：由于是碱性环境，碱性钙质土中的钙、镁、钾等元素含量相对较高，这些元素对植物的生长发育有重要作用；但同时铁、锰等微量元素含量可能相对较低，可能对某些植物的生长构成限制。④物理性质：碱性钙质土可能具有较差的通透性，容易出现积水和渗漏不畅的情况；土壤结构较为紧实，不利于植物根系的生长和发育。

针对以上特性，碱性钙质土主要养护方法如下。

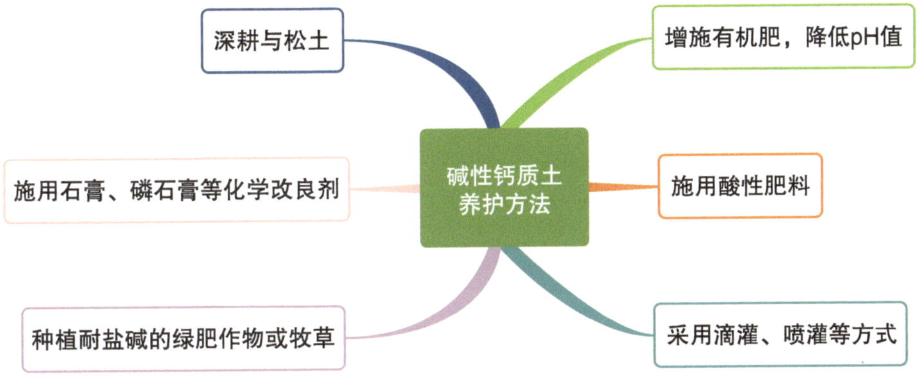